Michael Shoikhedbrod

Propriedades especiais das bolhas de eletrólise do hidrogénio e do oxigénio

Michael Shoikhedbrod

Propriedades especiais das bolhas de eletrólise do hidrogénio e do oxigénio

Para a criação de tecnologias e sistemas avançados

ScienciaScripts

Imprint

Cover image: www.ingimage.com

This book is a translation from the original published under ISBN 978-620-7-46272-8.

Publisher:
Sciencia Scripts
is a trademark of
Dodo Books Indian Ocean Ltd. and OmniScriptum S.R.L publishing group

120 High Road, East Finchley, London, N2 9ED, United Kingdom
Str. Armeneasca 28/1, office 1, Chisinau MD-2012, Republic of Moldova, Europe
Printed at: see last page
ISBN: 978-620-7-86032-6

Conteúdo

INTRODUÇÃO 3
CAPÍTULO 1 15
CAPÍTULO 2 67
CONCLUSÃO 119
REFERÊNCIAS 124

Dedicado a
A minha família:
Irina, Igor, Ariel, Elena e Aiden

INTRODUÇÃO

Modelo teórico da formação de bolhas de eletrólise de hidrogénio e oxigénio com propriedades únicas controladas durante o processo de eletrólise.

A água dissocia-se em iões:

$$H_2O \leftrightarrow H^+ + OH^- \qquad (1)$$

No processo de eletrólise, dois catiões de hidrogénio $2H^+$ aproximam-se do cátodo, retirando-lhe dois electrões, e quatro aniões ***OH*** aproximam-se do ânodo, devolvendo quatro electrões.

Como resultado, os átomos neutros de hidrogénio ***2H***, formados no cátodo, tornam-se instáveis no Estado Livre e combinam-se em pares da molécula $H2$ *sob a* forma de bolha de eletrólise de gás hidrogénio.

No ânodo formam-se duas moléculas de água e os átomos neutros de oxigénio ***O*** formados no estado livre tornam-se instáveis e combinam-se em pares de moléculas diatómicas de oxigénio $O2$ *sob a* forma de bolhas de eletrólise de gás oxigénio.

Como resultado, a molécula $H2$, sob a forma de bolha de eletrólise de gás hidrogénio, e a molécula de oxigénio diatómico $O2$, sob a forma de bolha de eletrólise de gás oxigénio, flutuam para a superfície livre da água em eletrólise:

$$2\,H^+ + 2e = 2H;\; H + H = H_2\uparrow \qquad (2)$$

$$4OH^- - 4e = 2H_2O + O_2\uparrow \qquad (3)$$

Os contaminantes sob a forma de sólidos em suspensão, fosfatos e hidróxidos metálicos, suspensões, resinas, substâncias emulsionadas, produtos petrolíferos, óleos técnicos, gorduras e tensioactivos provenientes de águas residuais industriais e domésticas, soluções tecnológicas para equipamentos de galvanoplastia e impressão, produção de cartão [1 - 6] são bolhas de hidrogénio de eletrólise, formadas durante o processo de eletrólise.

Em comparação com outros tipos de tratamento de águas residuais por flotação, a electroflotação forma, como resultado da eletrólise das águas residuais, bolhas de hidrogénio de eletrólise extremamente microdispersas com um diâmetro até 8-15 microns, o que não acontece com outros métodos de flotação.

Além disso, estudos demonstraram [7] que as bolhas de hidrogénio formadas durante a eletrólise de águas residuais têm uma carga negativa, são uniformes em tamanho, têm uma baixa tendência para se juntarem após a separação do cátodo e mantêm um diâmetro constante durante todo o tempo que permanecem nas águas residuais.

O principal problema de todos os métodos existentes de purificação por electroflotação é a salinização do espaço do ânodo durante a electroflotação, o que leva à formação de depósitos de sal no ânodo, cobrindo firmemente a superfície do ânodo, o que pode levar a uma paragem completa do processo de electroflotação.

Outro problema é o facto de se utilizar como ânodo uma malha metálica densa de uma determinada espessura, o que aumenta a densidade da corrente, mas reduz drasticamente a passagem das bolhas de eletrólise através dela e, consequentemente, o número destas bolhas estimulando a intensificação no processo de electroflotação.

Em momentos críticos, o sal pode fechar a malha e, em geral, bloquear a saída de bolhas através da malha.

Outra desvantagem do processo de electroflotação é a utilização inadequada do tipo de bolhas de gás de eletrólise (por exemplo, utilizando bolhas de oxigénio de eletrólise em vez de bolhas de hidrogénio de eletrólise) geradas durante o processo de electroflotação.

O modelo teórico, desenvolvido pelo autor, da formação intensiva controlada de bolhas de hidrogénio de eletrólise microdispersas e carregadas negativamente durante o processo de eletrólise tornou possível eliminar as desvantagens acima mencionadas dos electroflotadores existentes num electroflotador especialmente concebido.

O modelo teórico desenvolvido explica a formação de uma carga negativa na superfície de uma bolha de hidrogénio durante o processo de eletrólise apenas pela ação da força eletrostática negativa do cátodo carregado negativamente.

A intensidade da formação e a microdispersão das bolhas de eletrólise microdispersas com carga negativa, formadas durante o processo de eletrólise, podem ser controladas através do aumento do potencial elétrico do cátodo, tornando assim as bolhas de hidrogénio rapidamente formadas tão pequenas quanto necessário para o processo de electroflotação.

As bolhas de hidrogénio resultantes da eletrólise, microdispersas e carregadas negativamente, são uniformes em tamanho, ligeiramente propensas a aderir umas às outras após a separação do cátodo, e mantêm um diâmetro constante durante o tempo que permanecem na água.

A salinização do espaço anódico durante a electroflotação em electroflotadores existentes, levando à formação de depósitos de sal no ânodo que cobrem firmemente a superfície do ânodo, é explicada pelo facto de se utilizar como ânodo uma malha metálica densa de uma determinada espessura, o que aumenta a densidade de corrente, mas reduz drasticamente a passagem de bolhas de eletrólise através dela e, consequentemente, o número destas bolhas, estimulando a intensificação do processo de electroflotação.

A salinização do espaço anódico durante a electroflotação nos electroflotadores existentes, levando à formação de depósitos de sal no ânodo que cobrem firmemente a superfície do ânodo, é explicada pelo facto de se utilizar como ânodo uma malha metálica densa de uma certa espessura, o que aumenta a densidade da corrente, mas reduz drasticamente a passagem das bolhas de eletrólise através dela e, portanto, o número destas bolhas, estimulando a intensificação do processo de electroflotação.

Construído de acordo com o modelo teórico desenvolvido, o electroflotador, ao contrário dos electroflotadores existentes, possui uma base de eletrólise que não contém eléctrodos, os quais utilizam malhas densas com pequenas células.

O elétrodo inferior (cátodo) da base de eletrólise é um disco de grafite queimada, montado na base do electroflotador.

O elétrodo superior (ânodo) da base de eletrólise, feito de aço inoxidável, é uma estrutura com células grandes.

Entre os eléctrodos existe um dispositivo especial para regular a distância interelectrodos, montado no cátodo e feito de material não condutor.

A ligação da eletricidade aos eléctrodos do electroflotador a partir da bateria solar é feita através de um dispositivo de ligação especial.

A câmara de flotação do electroflotador tem uma forma cilíndrica e, por conseguinte, não tem zonas de estagnação para os complexos que flutuam na superfície livre das águas residuais, formadas quando as bolhas de hidrogénio da eletrólise microdispersas e carregadas negativamente sobem do cátodo para a superfície livre das águas residuais, que no seu caminho para a superfície livre das águas residuais encontram micropartículas de resíduos de águas residuais, que por sua vez se formam durante o processo de eletrólise das águas residuais.

A eficiência de um electroflotador é determinada pela libertação de gases durante a eletrólise de águas residuais num electroflotador.

De acordo com a lei de Faraday, a massa de gás (***M***) libertada no elétrodo durante o tempo t é igual a:

$$M = jigSt \qquad (4)$$

em que ***j*** é o equivalente eletroquímico do gás (para o hidrogénio j = ***1.(H0*** -7 ***kg/(A^s***); para o oxigénio ***j*** = ***8,***291-8 ***kg/(A-s))***; ***i*** - densidade da corrente, A/m^2 ; ***g*** = ***90%***, ***95%*** - potência da corrente (relação entre a transferência real de massa de gás e a teórica, calculada em percentagem); ***S*** é a área do elétrodo superior, m^2 .

Se representarmos ***i*** a densidade de corrente do processo como ***I/S***, em que ***I*** é a corrente direta do processo, então a equação (4) assumirá a seguinte forma:

$$M = jIgt \qquad (5)$$

A equação (5) mostra claramente que a massa de gás libertada no elétrodo durante o tempo ***t*** é diretamente proporcional à magnitude da corrente contínua e não depende da área do elétrodo.

No entanto, de acordo com a lei de Ohm, o valor da corrente contínua do processo é diretamente proporcional à tensão nos eléctrodos (***U***) e inversamente proporcional à resistência do meio interelectrodos (***R***):

$$I = U/R \qquad (6)$$

A resistência do meio interelectrodo (***R***), por sua vez, depende do intervalo interelectrodo (***L***) - o comprimento da camada condutora entre os eléctrodos e a área da secção transversal da camada condutora igual à área da superfície do elétrodo superior (***S***), como se segue:

$$R = \rho\frac{L}{S} \qquad (7)$$

Aqui ***p*** é a resistividade do meio interelectrodo. Substituindo (7) em (6), obtém-se

$$I = (US/\rho L) \qquad (8)$$

A partir de (8), é evidente que a diminuição da área do elétrodo superior (***S***), no nosso caso.

Assim, uma alteração da forma do elétrodo e a utilização de uma estrutura com células grandes podem ser compensadas aumentando a tensão (***U***) nos eléctrodos para manter a mesma eficiência do electroflotador (evolução anterior do gás - ***M***).

O aumento da tensão nos eléctrodos não só não reduz a eficiência da electroflotação, como também, como mencionado anteriormente, assegura a formação mais intensa de bolhas de hidrogénio de eletrólise microdispersas com carga negativa e um aumento adicional acelerado de bolhas de hidrogénio com carga negativa devido à carga positiva do elétrodo superior (ânodo).

A utilização de propriedades únicas controladas de bolhas de eletrólise de hidrogénio e oxigénio para tecnologias avançadas de limpeza e concentração

A utilização da teoria acima descrita, única, controlada pela tensão fornecida pela célula do painel solar aos eléctrodos do electroflotador especialmente concebido, as propriedades das bolhas de hidrogénio da eletrólise microdispersas e carregadas negativamente, permitiu ao autor desenvolver tecnologias avançadas de purificação e concentração: tratamento de águas residuais da produção galvânica, tratamento de águas residuais da produção de leite, tratamento de águas residuais da indústria da pasta e do papel, limpeza do lago da "água verde" através da concentração de fitoplâncton e enriquecimento com oxigénio da atmosfera e reciclagem do dióxido de carbono atmosférico, utilizando o seu concentrado num ciclo ecológico fechado; obtenção de concentrados de células de ***Chlorella Dunaliella de*** alta qualidade e de

multiplicação rápida; obtenção de cocktails de hidrogénio de fruta de alta qualidade e concentrados de sumos de fruta de alta qualidade.
A essência da utilização das propriedades únicas das bolhas de hidrogénio de eletrólise microdispersas e carregadas negativamente, controladas pela tensão fornecida pelo elemento do painel solar aos eléctrodos de um electroflotador especialmente concebido, é a seguinte. Durante a eletrólise da água num electroflotador especialmente concebido, formam-se intensamente bolhas de hidrogénio de eletrólise carregadas negativamente da dispersão calculada, que flutuam para a superfície livre das águas residuais ou de uma solução aquosa do meio nutriente das células ***Chlorella*** ou ***Dunaliella***, e encontram no seu caminho uma partícula microscópica de resíduos de águas residuais (no caso de purificação) ou uma célula ***Chlorella*** ou ***Dunaliella*** (no caso de concentração), significativamente maior em tamanho do que a bolha de hidrogénio microdispersa na eletrólise, induz uma carga positiva na superfície exterior da partícula de resíduos e fixa-se nela devido à ação da força de atração eletrostática e da força de tensão superficial, que actuam na mesma direção, criando assim fortes complexos: uma bolha (ou bolhas) de eletrólise microdispersa, carregada negativamente, de hidrogénio + partículas microscópicas de resíduos de águas residuais.
Em caso de concentração de ***células de Chlorella*** ou de ***Dunaliella***, uma bolha de hidrogénio microdispersa na eletrólise é atraída pela sua superfície negativa para a camada exterior positivamente carregada da bicamada fosfolipídica da membrana de Chlorella ou de Dunaliella, devido à ação da força de atração eletrostática e da tensão superficial resultantes, que actuam no mesmo sentido, criando assim fortes complexos negativos bolha (ou bolhas) de hidrogénio microdispersa na eletrólise, carregada negativamente, + célula de ***Chlorella*** ou de ***Dunaliella.***
Os complexos formados em ambos os casos, com um volume de elevação aumentado e uma força de Arquimedes aumentada, flutuam até à superfície livre das águas residuais ou de uma solução aquosa do meio nutriente das células de ***Chlorella*** ou ***Dunaliella*** sob a forma de resíduos espumosos (no caso da purificação) ou de um concentrado espumoso (no caso da concentração), de onde, utilizando um dispositivo especial, são levados para os colectores.
*Formação de soluções catolíticas e anolíticas durante a eletrólise e o seu efeito na membrana de uma célula biológica (**Chlorella**, **Dunaliella** e célula cancerosa)* A formação intensiva de bolhas de hidrogénio de eletrólise microdispersas com carga negativa durante o processo de eletrólise, a sua repulsão do cátodo e a sua ascensão à superfície livre da água, satura a água com bolhas de hidrogénio de eletrólise microdispersas com carga negativa, formando

água de hidrogénio com carga negativa - uma solução aquosa de catolito.
A solução aquosa de catolito tem propriedades bioestimulantes melhoradas. Tem um efeito benéfico na célula biológica, activando processos metabólicos, aumentando as defesas das células biológicas e a atividade metabólica [8 -12].
Por outro lado, a formação intensiva de bolhas de oxigénio de eletrólise carregadas positivamente durante o processo de eletrólise, a sua repulsão do ânodo e a sua ascensão à superfície livre da água, satura a água com bolhas de oxigénio de eletrólise carregadas positivamente, formando água de oxigénio carregada positivamente - uma solução aquosa de anólito, uma solução aquosa de anólito, formada no ânodo durante a eletrólise, tem propriedades anti-sépticas suaves. O efeito desinfetante do anólito é equivalente ao tratamento com iodo, verde brilhante, peróxido de hidrogénio, sem causar queimaduras químicas nos tecidos vivos e sem os manchar [13 - 15].
O autor revelou o mecanismo desse efeito de soluções aquosas de catolito e aerolito numa célula biológica, que consiste no seguinte.
A membrana de uma célula biológica contém moléculas de proteínas, embebidas na sua matriz de bicamada fosfolipídica.
A matriz da bicamada fosfolipídica de uma membrana celular biológica, carregada positivamente do exterior e negativamente do interior, cria um campo eletrostático que actua sobre o colesterol, contido no interior da matriz da bicamada fosfolipídica, que tem a propriedade de alterar a sua orientação ótica na direção do campo eletrostático atuante e de assumir a configuração de camadas moleculares horizontais com lacunas através das quais a água, o oxigénio, o dióxido de carbono e as substâncias lipofílicas passam do ambiente para a célula biológica.
Assim, se o ambiente que rodeia uma célula biológica for uma solução aquosa de catolito com carga negativa, atrai as cargas positivas da camada externa da bicamada fosfolipídica da membrana da célula biológica, o que aumenta o campo eletrostático entre as camadas externa e interna da bicamada fosfolipídica, aumentando assim as propriedades bioestimulantes da célula biológica.
O efeito oposto é observado quando uma solução aquosa de anólito, formada durante a eletrólise através da saturação da água com bolhas de oxigénio de eletrólise com carga positiva, carregando a água com uma carga positiva, destrói as células biológicas, reduzindo o potencial das cargas positivas no exterior da membrana devido à repulsão eletrostática até serem completamente removidas, o que leva à ausência de um campo eletrostático e à adoção de uma configuração de colesterol com camadas moleculares verticais sem lacunas, em resultado da qual a troca de substâncias entre a célula e o ambiente pára e morre.

As moléculas de proteínas, incorporadas na bicamada fosfolipídica, actuam como uma bomba acelerada de sódio e potássio, que também desempenha um papel importante no metabolismo de uma célula biológica e na sua reprodução.
Os catiões citoplasmáticos de carga positiva *Na+1* ligam-se à bomba de sódio-potássio. A ligação ***do*** *Na+1* estimula a fosforilação ***do ATP.***
A fosforilação faz com que a proteína mude a sua conformação e, na solução aquosa de catolito, que envolve a célula, devido à ação da atração eletrostática da solução aquosa de catolito, carregada negativamente, acelera os catiões *Na+1,* carregados positivamente, para o exterior.
Os catiões *K+1* extracelulares de carga positiva, utilizando a força de atração eletrostática da solução catolítica de carga negativa que envolve a célula, ligam-se à proteína, provocando a libertação do grupo fosfato.
A perda de fosfato restaura a proteína à sua conformação original.
O *K+1* é libertado e os sítios *Na+1* tornam-se novamente receptivos; o ciclo repete-se.
Se uma célula biológica for colocada numa solução de um anólito aquoso carregado positivamente, então o bombeamento de sódio é impossível devido à repulsão eletrostática dos catiões de sódio carregados positivamente pela solução aquosa anólita carregada positivamente que a rodeia.
Pela mesma razão, os catiões *K+1* extracelulares não conseguem penetrar na célula através da proteína.
As explicações do mecanismo de ação das soluções aquosas de católito e de anólito sobre uma célula biológica permitiram ao autor, utilizando o método desenvolvido e um electroflotador-concentrador especialmente concebido, obter um concentrado de espuma de alta qualidade e de multiplicação rápida de ***células de Chlorella*** e de ***Dunaliella***; utilizando o método desenvolvido e um electroflotador doméstico de duas câmaras especialmente concebido, realizar a linfossorção e a remoção e destruição de células cancerosas na linfa.

A utilização de propriedades únicas e controladas de bolhas de eletrólise de hidrogénio e oxigénio para a geração de gases de hidrogénio e oxigénio e o funcionamento ininterrupto do motor elétrico Caz.

Atualmente, o hidrogénio e o oxigénio puros são produzidos por vários métodos industriais, incluindo: reforma a vapor do metano e do gás natural; gaseificação do carvão; biotecnologia; eletrólise da água, etc.
O método mais eficaz para produzir hidrogénio e oxigénio puros é a utilização da fotoelectrólise de uma solução electrolítica aquosa, que ocorre numa célula fotoelectroquímica.
No entanto, as células fotoelectroquímicas, utilizadas atualmente, perdem a maior parte da energia luminosa devido à elevada resistência do meio condutor

entre os eléctrodos, localizados verticalmente, são caras e têm limitações materiais, o que reduz significativamente a sua eficiência.

O funcionamento de uma célula fotoelectroquímica com os eléctrodos, localizados verticalmente sob a ação da luz, é mostrado na Figura 1.

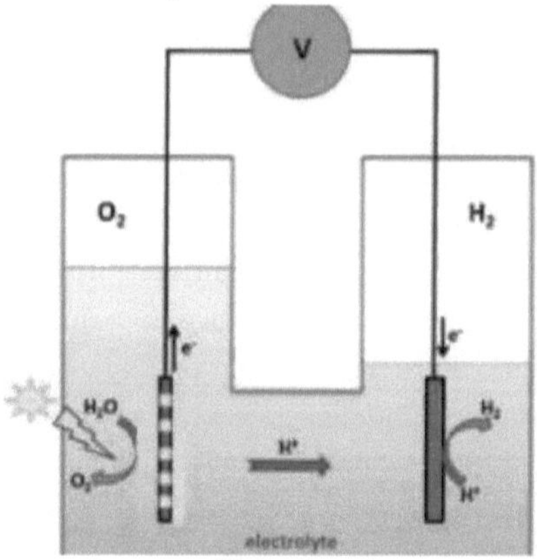

Figura 1: *Funcionamento de uma célula fotoelectroquímica sob a influência da luz*

O autor concebeu um tipo completamente novo de fotoelectrolisador, capaz não só de produzir separadamente hidrogénio e oxigénio puros a um preço inferior ao preço de mercado, mas também de efetuar o reabastecimento contínuo da pilha de combustível para o funcionamento ininterrupto do motor do veículo elétrico num ciclo continuamente fechado: um tanque com água normal + fotoelectrolisador + formação de gases separados de hidrogénio e oxigénio + carregamento de células de combustível e funcionamento ininterrupto do motor do veículo elétrico a hidrogénio + água + um tanque de água normal.

Modelo teórico de eletrólise da água, utilizando a energia solar.

Todos os dispositivos desenvolvidos no processo de eletrólise acima referidos utilizam a energia solar proveniente de um painel solar ou de um fotoelectrolisador como fonte de energia, pelo que o autor desenvolveu o mecanismo molecular de conversão da energia solar proveniente de um painel solar ou de um fotoelectrolisador em energia proveniente da eletrólise da água num electroflotador ou num fotoelectrolisador.

A utilização de propriedades únicas controladas de bolhas de eletrólise de hidrogénio e oxigénio para a recuperação de água da urina dos astronautas, para a limpeza de combustível e fluidos especiais de contaminação ou micróbios e concentração de ***Chlorella*** *no sistema de suporte de vida de naves espaciais em condições de voo espacial de longa duração.*

A regeneração de água é a re-produção de água, que é um fator vital para o funcionamento normal dos astronautas na Estação Espacial Internacional (ISS). Inicialmente, a água da ISS é fornecida a partir da Terra, o que era demasiado caro e, por conseguinte, limitado em peso.

É por isso que o próprio processo de regeneração reduz o custo das viagens espaciais e torna o sistema da ISS menos dependente dos serviços terrestres.

Atualmente, a purificação da urina por eletrólise para a recuperação de água em empreiteiros especiais ou a eletrodiálise por membrana é utilizada para a recuperação de água da urina a bordo do ISS [16, 17].

A limpeza do combustível fluido dos contaminantes no depósito de combustível do motor de foguetão e dos fluidos no sistema de suporte de vida dos veículos espaciais automáticos é uma tarefa muito importante e também crítica para os veículos espaciais automáticos [18, 19].

Um papel igualmente importante desempenha a purificação do combustível fluido dos microrganismos que se multiplicam ativamente nos tanques dos motores das naves espaciais com combustível fluido ou nos fluidos do sistema de suporte de vida das naves espaciais automáticas, causando incrustações, mau funcionamento e corrosão nos tanques de armazenamento do sistema de suporte de vida, das condutas e dos motores [20, 21]. Por outro lado, a concentração de células de ***Chlorella*** do seu ambiente natural durante o voo espacial permite adicionar o concentrado produzido à dieta dos astronautas para o seu funcionamento normal a bordo da ISS (Estação Espacial Internacional) durante um longo período de tempo.

Os métodos e dispositivos existentes para a limpeza do líquido combustível de contaminantes ou micróbios, a recuperação de água da urina e a concentração de ***Chlorella*** do ambiente natural em microgravidade são muito dispendiosos e economicamente pouco vantajosos. O autor propôs um separador-concentrador elétrico universal desenvolvido para purificar o líquido combustível de impurezas ou micróbios, recuperar água da urina e concentrar ***Chlorella*** do seu ambiente natural em condições de microgravidade. Um separador-concentrador elétrico universal desenvolvido, que utiliza na sua conceção o efeito da corrente eléctrica direta sobre o combustível líquido, a urina, o ambiente natural da ***Chlorella*** e uma forma cónica especial da estrutura, que permite, em condições de microgravidade, purificar o líquido combustível de impurezas e micróbios, recuperar a água da urina e obter um concentrado de alta qualidade de ***Chlorella*** do ambiente natural de forma simples e económica.

Um novo método para o carregamento contínuo de elementos de combustível para o sistema de alimentação de energia de naves espaciais em condições de voo espacial de longa duração.

O controlo de voo do veículo espacial (SC) é efectuado à custa da energia eléctrica a bordo.

A alimentação eléctrica a bordo do veículo espacial assegura o funcionamento de todos os seus instrumentos e equipamentos (sistema de propulsão, comandos, sistemas de comunicação, complexo de instrumentos, aquecimento, etc.).

O sistema de alimentação de energia de uma nave espacial é o sistema mais importante que assegura tanto a vida da própria nave espacial como a da tripulação que controla este aparelho.

O sistema de alimentação de energia da nave espacial baseia-se na geração de corrente eléctrica contínua, que é utilizada pela maioria dos instrumentos e equipamentos da nave espacial.

Atualmente, o principal gerador de corrente eléctrica contínua dos veículos espaciais é um gerador que converte qualquer energia (química, luminosa, nuclear) em energia eléctrica em condições de voo espacial.

As três fontes seguintes são as que têm maior aplicação prática nas naves espaciais em voo espacial, convertendo diretamente a energia química em energia eléctrica com uma eficiência bastante elevada (cerca de 70%): células galvânicas, baterias e células de combustível, retiradas da Terra.

Entre elas, destacam-se as células de combustível, nas quais o hidrogénio e o oxigénio são utilizados como "combustível e oxigénio".

A célula de combustível converte diretamente a energia química em energia eléctrica com formação de água e produção de calor.

As pilhas de combustível, ao contrário das baterias eléctricas, funcionam até que o combustível (combustível e oxidante - hidrogénio e oxigénio) seja completamente utilizado, proveniente de uma fonte externa; não necessitam de recarga durante o funcionamento.

Em condições de ausência de peso em tanques com hidrogénio líquido supercrítico e oxigénio líquido, retirados da Terra, o hidrogénio e o oxigénio gasosos resultantes são separados do hidrogénio líquido e do oxigénio líquido, respetivamente, o que torna a sua utilização inútil.

Por conseguinte, para misturar o hidrogénio e o oxigénio gasosos resultantes com, respetivamente, hidrogénio líquido e oxigénio líquido, foi desenvolvido e instalado na nave espacial um misturador especial.

A célula de combustível de uma nave espacial é drasticamente complicada pelo fornecimento contínuo de hidrogénio e oxigénio, o que não é seguro (um exemplo disto é o acidente que ocorreu durante o voo da Apollo 13).

O autor propôs um método completamente novo e um eletrolisador de separação especialmente concebido, alimentado por uma bateria solar, instalado no espaço exterior, para o fornecimento contínuo de hidrogénio e oxigénio aos elementos de combustível de uma nave espacial em condições de voo espacial, diretamente a partir de um eletrolisador de separação cónico especialmente concebido, que funciona com base na obtenção de misturas gás-líquido concentradas separadamente: bolhas de hidrogénio de eletrólise carregadas negativamente, formadas na zona anódica ao longo de todo o comprimento do ânodo, e bolhas de oxigénio de eletrólise carregadas positivamente, formadas na zona catódica ao longo de todo o comprimento do cátodo, durante a eletrólise da água devido à atração eletrostática de misturas com cargas diferentes e potenciais de carga diferentes nas grelhas anódica e catódica.

A forma cónica do separador-eletrolisador desenvolvido e as suas saídas em condições de gravidade zero permitem "fundir" separadamente duas misturas gás-líquido em diferentes ampolas equipadas com separadores estáticos que geram separadamente hidrogénio e oxigénio em modo contínuo.

O método desenvolvido e o separador-eletrolisador permitem abastecer continuamente, de forma segura e económica, as células de combustível com hidrogénio e oxigénio para o seu carregamento constante.

Criação de novos tipos de sistemas de alimentação eléctrica e de suporte de vida para naves espaciais, alimentados por um painel solar.

O funcionamento dos sistemas de alimentação de energia e de suporte de vida das naves espaciais baseia-se completamente em consumíveis, fornecidos a partir da Terra, cuja massa e dimensões aumentam em proporção direta com a duração da expedição espacial e o número de membros da tripulação.

Por conseguinte, hoje em dia é utilizado um sistema de alimentação a bordo de uma nave espacial que fornece energia eléctrica para o funcionamento de todo o equipamento de bordo (motor, controlo, comunicações e sistemas de aquecimento) através da geração de corrente eléctrica direta utilizando um gerador, convertendo energia química em energia eléctrica, utilizando células de combustível, alimentadas por hidrogénio líquido supercrítico e oxigénio líquido, fornecidos a partir da Terra. O sistema de suporte de vida, utilizado atualmente nas naves espaciais, inclui: sistema de regeneração de água a partir de condensados de humidade atmosférica na cabine de uma nave espacial, um sistema de regeneração de água a partir da urina, sistema de geração de oxigénio e hidrogénio durante a eletrólise da água em condições de microgravidade, um sistema de utilização de dióxido de carbono, removendo microimpurezas nocivas, funcionando à custa dos recursos internos da nave espacial durante o voo espacial.

Assim, surge a tarefa de desenvolver novos tipos de sistemas de fornecimento de energia e de suporte de vida, incluindo o desenvolvimento de novas tecnologias e a melhoria das já existentes para o carregamento contínuo de células de combustível de naves espaciais com hidrogénio e oxigénio, a geração de eletricidade a bordo sem a utilização de "tanques terrestres" com hidrogénio líquido supercrítico e oxigénio líquido, a melhoria dos sistemas existentes de geração de oxigénio e hidrogénio, a regeneração de água a partir de condensados de humidade atmosférica e de produtos residuais dos astronautas, a remoção de microimpurezas nocivas e o cultivo de microalgas de multiplicação rápida na nave espacial durante um longo voo espacial.

O autor propôs um novo tipo de sistemas de alimentação eléctrica e de suporte de vida para naves espaciais alimentadas por um painel solar, que inclui novas tecnologias desenvolvidas: um gerador de gás oxigénio e hidrogénio, que permite produzir separadamente, de forma económica e fácil, oxigénio, hidrogénio e água potável para enriquecer a atmosfera com oxigénio e reabastecer as reservas de água potável da cabina da nave espacial; o carregamento contínuo das células de combustível da nave espacial com hidrogénio e oxigénio produzidos para a produção ininterrupta de eletricidade a bordo; um separador para purificar as águas residuais industriais de sólidos nocivos e micróbios patogénicos e obter água potável a partir deles; regeneração de água potável a partir da urina excretada pelos astronautas em quantidades suficientes para o consumo desta água pelos astronautas durante um longo voo espacial; um concentrador que recebe uma solução com células de microalgas de um fotobiorreactor espacial, cultivando microalgas na ausência de peso, utilizando o dióxido de carbono libertado durante a respiração dos astronautas, produzindo oxigénio para enriquecer a atmosfera da cabina da nave espacial com oxigénio através da fotossíntese.

O concentrador permite-lhe obter um concentrado de alta qualidade de células de microalgas de reprodução rápida e complementar a dieta da tripulação com a maior parte deste concentrado, bem como reabastecer o fotobiorreactor espacial com o restante concentrado e solução nutritiva para obter uma quantidade suficiente de biomassa para um longo voo espacial.

Neste livro, o autor apresentará um modelo para a formação de bolhas de eletrólise microdispersas de hidrogénio com carga negativa e de bolhas de eletrólise de oxigénio com carga positiva, o que permitiu desenvolver métodos avançados de purificação, concentração e produção de hidrogénio e oxigénio, tanto na Terra como em condições de microgravidade.

CAPÍTULO 1

PROPRIEDADES ESPECIAIS DAS BOLHAS DE ELECTRÓLISE DO
HIDROGÉNIO E DO OXIGÉNIO PARA A CRIAÇÃO DE TECNOLOGIAS E SISTEMAS
AVANÇADOS
EM CONDIÇÕES TERRESTRES

1.1 Modelo teórico da formação de bolhas de hidrogénio e oxigénio com propriedades únicas controladas durante o processo de eletrólise.

A água dissocia-se em iões:

$$H_2O \leftrightarrow H^+ + OH^- \qquad (1.1.1)$$

No processo de eletrólise, dois catiões de hidrogénio $2H^+$ aproximam-se do cátodo, retirando-lhe dois electrões, e quatro aniões OH aproximam-se do ânodo, devolvendo quatro electrões.

Como resultado, os átomos neutros de hidrogénio $2H$, formados no cátodo, tornam-se instáveis no estado livre e combinam-se em pares da molécula $H2$ sob a forma de bolha de eletrólise de gás hidrogénio.

No ânodo formam-se duas moléculas de água e os átomos neutros de oxigénio O formados no estado livre tornam-se instáveis e combinam-se em pares de moléculas diatómicas de oxigénio $O2$ sob a forma de bolhas de eletrólise de gás oxigénio.

Como resultado, a molécula $H2$, sob a forma de bolha de eletrólise de gás hidrogénio, e a molécula de oxigénio diatómico $O2$, sob a forma de bolha de eletrólise de gás oxigénio, flutuam para a superfície livre da água em eletrólise:

$$2\,H^+ + 2e = 2H;\ H + H = H_2 \uparrow \qquad (1.1.2)$$

$$4OH^- - 4e = 2H_2O + O_2 \uparrow \qquad (1.1.3)$$

O modelo físico da formação de bolhas de hidrogénio de eletrólise microdispersas com carga negativa no cátodo e de bolhas de oxigénio com carga positiva é o seguinte

A molécula de hidrogénio sob a forma de uma bolha, formada no cátodo, é imersa numa nuvem de catiões de hidrogénio carregados positivamente H^+, induzindo uma carga negativa na superfície exterior da bolha, enquanto a superfície interior da bolha será carregada positivamente.

O potencial negativo do cátodo deslocará as cargas negativas da superfície externa da bolha para a sua "cúpula" superior e atrairá as cargas positivas da superfície interna da bolha, recolhendo-as na área próxima do cátodo (Figura 2, [22]).

Figura 2: *Fotografia da bolha de eletrólise do hidrogénio com o ângulo de contacto de 0=97° no cátodo (aumento em x 7,5), [22].*

"+" - os catiões de hidrogénio H^+, as cargas positivas do interior da superfície da bolha de eletrólise do hidrogénio no cátodo;

"- "- A carga negativa é a carga do cátodo, cargas negativas da superfície externa da bolha de eletrólise do hidrogénio.

No momento da separação da bolha de hidrogénio da eletrólise, a parte da bolha carregada positivamente no cátodo permanece no cátodo, e a bolha de hidrogénio separada com uma superfície carregada negativamente move-se para cima, para a superfície livre da água.

A molécula neutra de oxigénio, formada no ânodo sob a forma de uma bolha, é imersa numa nuvem de hidroxilos OH^- carregados negativamente, induzindo uma carga positiva na superfície externa da bolha de oxigénio da eletrólise, enquanto a superfície interna da bolha de oxigénio da eletrólise será carregada negativamente.

O potencial positivo do ânodo, através da força de repulsão eletrostática, deslocará as cargas positivas da superfície exterior da bolha em direção à sua "cúpula" e atrairá as cargas negativas da superfície interior da bolha, recolhendo-as na região do ânodo (Figura 3, [22]).

Assim, durante o processo de eletrólise, uma bolha de hidrogénio carregada negativamente separa-se e flutua a partir do cátodo carregado negativamente, e uma bolha de oxigénio carregada positivamente separa-se do cátodo carregado positivamente.

Figura 3: *Fotografia da bolha de eletrólise do oxigénio com o ângulo de contacto de 0=97° sobre o (aumento em x 7,5), [22].*
"+" - a carga positiva do ânodo e da superfície externa da bolha;
" -" - as cargas negativas do $\boldsymbol{OH^{-1}}$ *à volta da bolha e da superfície interna da bolha perto do ânodo.*

ânodo carregado, ou seja, o sinal da carga da bolha é determinado pelo sinal da carga do elétrodo sobre o qual se formou.
Esta conclusão foi confirmada durante uma experiência especialmente concebida para o efeito.
O estado da superfície das bolhas de hidrogénio da eletrólise, formadas durante a eletrólise, foi estudado através da alteração da trajetória de um corpo electrificado, em movimento na água, num campo magnético (força de Lorentz).
O electroflotador de laboratório desenvolvido foi colocado entre dois grandes discos electromagnéticos de um aparelho de EPR (ressonância paramagnética eletrónica) (Figura 4).
O campo magnético nas experiências tinha uma intensidade de 3000-5000 Oersteds.
Como se mostra na Figura 4, quando observadas de cima, as bolhas de hidrogénio da eletrólise, carregadas negativamente, moviam-se a alta velocidade para a parte da frente do electroflotador.
Outra prova indiscutível da conclusão anterior são os estudos realizados sobre o funcionamento de um electroflotador cilíndrico em condições de ausência de peso de curta duração, em que a força de Arquimedes estava ausente e, portanto,

as experiências foram completamente "limpas".

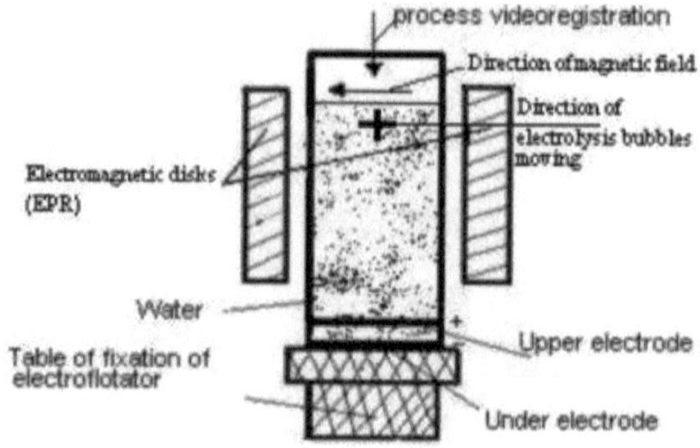

Figura 4: *Electroflotador, colocado no campo magnético entre os discos electromagnéticos (EPR)*

A figura 5 ilustra a ascensão e o movimento em direção ao marcador indicado de bolhas de hidrogénio de eletrólise com carga negativa, formadas em resultado da eletrólise, devido à atração eletrostática do elétrodo superior (ânodo) e à inércia, bem como a recolha destas bolhas num "enxame" utilizando a vibração em condições de regimes de ausência de peso a curto prazo.

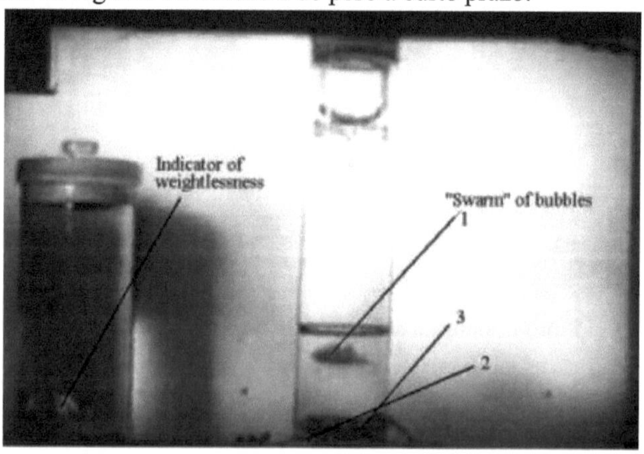

Figura 5: Fotografia da formação das bolhas de eletrólise de hidrogénio carregadas negativamente
e da sua subida até ao marcador indicado em resultado da atração
eletrostática
do ânodo e da inércia, da sua recolha neste marcador utilizando a vibração da água nas condições dos regimes de curta duração de ausência de peso

1 - Bolhas localizadas de hidrogénio com carga negativa

2 - Elétrodo inferior (cátodo)
3 - Elétrodo superior (ânodo)
O que faz com que as bolhas de hidrogénio e oxigénio da eletrólise se separem dos eléctrodos? Quem determina o tamanho e a intensidade da formação destas bolhas?
Para responder a estas questões, é necessário estudar a ação de várias forças, aplicadas a uma bolha, assente na superfície horizontal do elétrodo.
A força de tensão superficial da bolha F_G , com a ajuda da qual a bolha é mantida na superfície do elétrodo, actua ao longo do perímetro de fixação da bolha e é igual ao produto do valor deste perímetro ***na*** pelo valor da componente vertical da tensão superficial *G*, ou sejaou seja, F_G = ***navSin*** (***0***), em que ***a*** é o diâmetro da circunferência em que a bolha está fixada à superfície do elétrodo; ***0*** é o ângulo de contacto na fronteira das fases metal+água+gás; ***g*** é a tensão superficial na fronteira das fases água+gás.
A força de elevação hidrostática de uma bolha pela água, de acordo com a lei de Arquimedes, é igual a $FA = pgV$, em que V é o volume da bolha; ***p*** é a densidade da água; ***g*** - aceleração da gravidade e força repulsiva eletrostática *FE*.
A força resultante, que actua sobre a bolha nos pontos de contacto com a superfície do elétrodo, pode ser representada por $Fg = FA + FE$.
Para bolhas pequenas, quando $Fg > FA$, a contribuição de *FE* é significativa na separação da bolha do elétrodo.
À medida que o tamanho da bolha aumenta, F_A aumenta mais rapidamente do que F_g , uma vez que F_A é proporcional à terceira potência das dimensões lineares da bolha, e F_g é proporcional à primeira potência.
Neste caso, a *AF* desprende a bolha da superfície do elétrodo. Daqui decorre que quanto maior for o potencial elétrico do elétrodo, menor será o tamanho da bolha, uma vez que quanto maior for o potencial elétrico do elétrodo, maior será a força de repulsão eletrostática, actuando entre o elétrodo e a bolha de eletrólise com carga semelhante, formada sobre o mesmo e, consequentemente, maior será a força de separação da bolha da superfície do elétrodo e menor será o tempo necessário para a bolha se desprender.
Por outro lado, quanto mais rapidamente a bolha de eletrólise sai da superfície do elétrodo, mais rapidamente o seu lugar é ocupado pela bolha de eletrólise seguinte, o que leva a uma intensificação da formação de bolhas de eletrólise.
Assim, utilizando o potencial elétrico do elétrodo, pode ser possível controlar o tamanho da bolha de eletrólise, formada no mesmo, e tornar este tamanho tão pequeno quanto o processo de electroflotação requer.
Utilizando o potencial elétrico do elétrodo, pode ser possível controlar através da intensificação da formação de bolhas de eletrólise, ou seja, a intensificação

do processo de electroflotação.
Um outro fator que influencia o tamanho da bolha de eletrólise é a concentração de alcalinidade (bolhas de água de eletrólise) ou de acidez (bolhas de oxigénio de eletrólise) do meio aquoso; quanto maior for a concentração de alcalinidade ou de acidez, maior será a força eletrostática que actua entre o elétrodo e a bolha de superfície com carga semelhante que se forma e, por conseguinte, maior será a força de separação da bolha da superfície do elétrodo e mais rapidamente a bolha se desprenderá.
Por conseguinte, as bolhas de hidrogénio da eletrólise em soluções aquosas alcalinas são muitas vezes mais pequenas do que as bolhas de oxigénio da eletrólise (quase 16 vezes).

1.2 A utilização de propriedades únicas controladas de bolhas de eletrólise de hidrogénio e oxigénio para tecnologias avançadas de limpeza e concentração

A utilização da teoria acima descrita, única, controlada pela tensão fornecida pela célula do painel solar aos eléctrodos do electroflotador especialmente concebido, as propriedades das bolhas de hidrogénio da eletrólise microdispersas e carregadas negativamente, permitiu ao autor desenvolver tecnologias avançadas de purificação e concentração: tratamento de águas residuais da produção galvânica, da produção de leite, da indústria da pasta de papel e do papel; um ciclo ecológico fechado, envolvendo um método de concentração de fitoplâncton da água "verde" do lago, que não só devolve a água doce ao lago, mas também é eficazmente utilizado para remover o dióxido de carbono, o sulfureto de hidrogénio e enriquecer o ambiente com oxigénio e obter biocombustíveis de alta qualidade.
A essência da utilização das propriedades únicas das bolhas de hidrogénio de eletrólise microdispersas e carregadas negativamente, controladas por tensão, fornecidas a partir de um elemento de painel solar aos eléctrodos de um electroflotador especialmente concebido com um ânodo sob a forma de uma estrutura com células grandes, que, ao contrário dos electroflotadores existentes, utilizando um ânodo sob a forma de uma rede metálica densa de uma certa espessura, o que leva à formação de depósitos de sal no ânodo, cobrindo firmemente a superfície do ânodo, o que pode levar a uma paragem completa do processo de electroflotação, não conduz à salinização do ânodo durante o processo de electroflotação e à cessação do próprio processo de electroflotação, é o seguinte

Durante a eletrólise da água num electroflotador especialmente concebido, formam-se intensamente bolhas de hidrogénio de eletrólise com carga negativa da dispersão calculada, que flutuam para a superfície livre das águas residuais e encontram no seu caminho uma partícula microscópica de resíduos de águas residuais (no caso de purificação), significativamente maior em tamanho do que a bolha de hidrogénio microdispersa na eletrólise, induz uma carga positiva na superfície exterior da partícula de resíduos e fixa-se nela devido à ação da força de atração eletrostática e da força de tensão superficial, actuando na mesma direção, criando assim fortes complexos: uma bolha (ou bolhas) de eletrólise microdispersa, carregada negativamente, de hidrogénio + partículas microscópicas de resíduos de águas residuais.

Em caso de concentração de ***células de Chlorella*** ou de ***Dunaliella***, formam-se intensamente bolhas de hidrogénio de eletrólise carregadas negativamente da dispersão calculada, que flutuam para a superfície livre do meio nutriente das células de ***Chlorella*** ou de ***Dunaliella*** e encontram no seu caminho uma célula de ***Chlorella*** ou de ***Dunaliella,*** ou uma célula ***de Chlorella*** ou de ***Dunaliella*** (em caso de concentração), significativamente maior em tamanho do que a bolha de hidrogénio de eletrólise microdispersa, são atraídas pela sua superfície negativa para a camada exterior da bicamada fosfolipídica da membrana da ***Chlorella*** ou da ***Dunaliella, carregada*** positivamente, devido à ação da força de atração eletrostática e da tensão superficial resultantes, que actuam no mesmo sentido, criando assim fortes complexos negativos bolha (ou bolhas) de hidrogénio microdispersa(s) de eletrólise carregada(s) negativamente + célula de ***Chlorella*** ou de ***Dunaliella***.

Os complexos formados em ambos os casos, com um volume de elevação aumentado e uma força de Arquimedes aumentada, flutuam até à superfície livre das águas residuais ou de uma solução aquosa do meio nutriente das células de ***Chlorella*** ou ***Dunaliella*** sob a forma de resíduos espumosos (no caso da purificação) ou de um concentrado espumoso (no caso da concentração), de onde, utilizando um dispositivo especial, são levados para os colectores.

Tratamento das águas residuais da produção galvânica, da produção de leite, da indústria da pasta e do papel.

O tratamento por electroflotação de águas residuais industriais foi efectuado num electroflotador especialmente concebido para o efeito, alimentado por um painel solar, ilustrado na Figura 5.

A Figura 6 mostra esquematicamente a conceção do electroflotador desenvolvido, alimentado por uma célula solar, e o princípio do seu funcionamento no processo de tratamento de águas residuais industriais.

O electroflotador de tratamento contínuo de águas residuais industriais, estruturalmente concebido, alimentado por uma célula solar através de eléctrodos -1, que estão ligados a um semicondutor de silício do tipo N -2 e a um semicondutor de silício do tipo P -3, tem uma câmara de flotação - 6, feita sob a forma de um recipiente retangular, cujos cantos estão equipados com inserções especiais, pelo que a parte interior da câmara assume a forma de um cilindro, e a parede superior traseira está equipada com um refletor.

No processo de tratamento de águas residuais, estas entram na câmara de flotação - 6 através de um tubo com uma válvula 4, uma bolsa 5 e uma ranhura 7, para separar as partículas microscópicas de lixo das águas residuais.

A água limpa, depois de passar pela câmara de pós-tratamento - 8, é descarregada do electroflotador através de uma bolsa e de um tubo de drenagem com uma torneira - 10.

As partículas microscópicas flutuantes de resíduos sólidos são recolhidas numa camada de espuma na parte superior da câmara de flotação e são removidas por um dispositivo de pás - 9 para uma cápsula recetora especial.

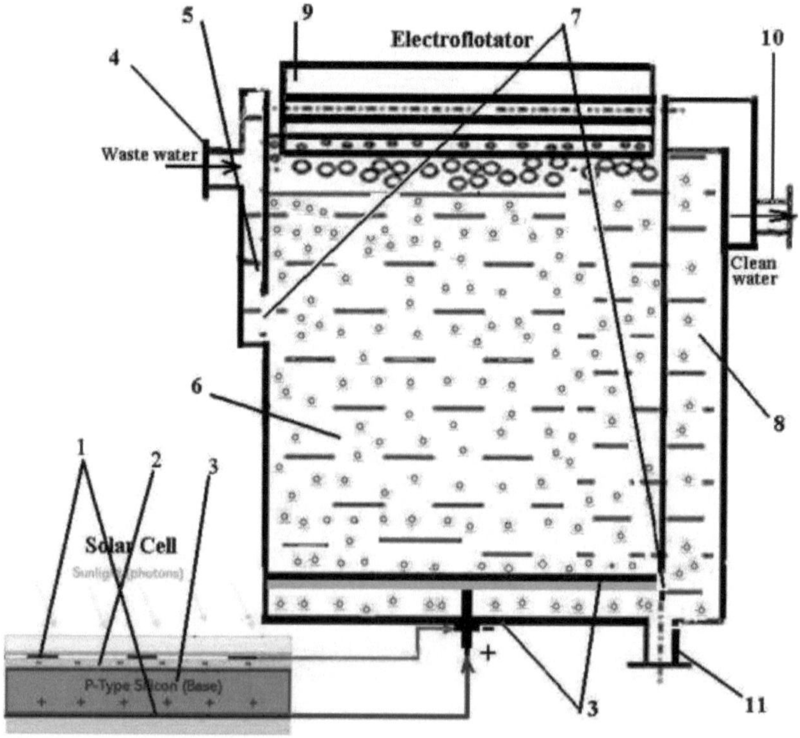

Figura 6. *Desenho do electroflotador de tipo contínuo desenvolvido, alimentado por uma*
célula solar.

O elemento principal do electroflotador é a base de eletrólise-3, ligada à célula solar sob a forma de uma ficha, e que contém um mecanismo especial, feito de um material não condutor fixado no cátodo, que permite ajustar simplesmente o tamanho do intervalo interelectrodo.

Após completar a lavagem do electroflotador e retirar toda a água restante, é fornecido um tubo de derivação com uma torneira - 11.

A torneira está fechada durante o funcionamento do electroflotador.

Uma vez que o electroflotador desenvolvido é um electroflotador de tipo contínuo, é possível utilizá-lo num circuito modular.

Num circuito modular de electroflotadores, a ligação em série de electroflotadores é uma ligação em que a saída de um electroflotador é ligada à entrada de outro.

A qualidade do tratamento de águas residuais industriais para dois electroflotadores ligados em série é duplicada, ou seja, a melhoria da qualidade da água purificada é um múltiplo do número de electroflotadores numa cadeia de electroflotadores ligados em série.

Numa cadeia modular de electroflotadores, uma ligação paralela de electroflotadores é uma ligação em que as águas residuais de produção entram simultaneamente em todos os electroflotadores através de um tubo de entrada comum e a água purificada sai de todos os electroflotadores para um tubo de saída comum ao mesmo tempo.

A quantidade de água purificada por dois electroflotadores ligados em paralelo é duplicada, ou seja, a quantidade de água purificada é um múltiplo do número de electroflotadores numa cadeia de electroflotadores ligados em paralelo.

Purificação das águas residuais da produção galvânica

A produção galvânica é uma das fontes mais perigosas de poluição ambiental, principalmente das águas superficiais e subterrâneas, devido à formação de um grande volume de águas residuais.

Os compostos metálicos, contidos nas águas residuais da produção galvânica, têm um efeito extremamente nocivo no sistema ecológico: reservatório-solo-flora-animal-homem do mundo, possuindo propriedades tóxicas, carcinogénicas (causadoras de neoplasias malignas - ***As, SE, Zn, Pd, Cr, Be, Pb, Hg, Co, Ni, Ag, Pt***), mutagénicas (provocam alterações na hereditariedade - ***ZnS***), teratogénicas (capazes de provocar deformações em recém-nascidos - ***Cd, Pb, As, Co, Al*** e ***Li***) e alergénicas (Cr^{6+}) propriedades nocivas.

Contidos nas águas residuais da produção galvânica, drenadas para as massas de água, os metais têm um efeito prejudicial na flora e na fauna e interferem com os processos de auto-purificação das massas de água.

Quando se utiliza a água de reservatórios poluídos, cheios de águas residuais da produção galvânica, contendo metais não ferrosos, para irrigação, estes serão levados para os campos e concentrados na camada superior mais fértil do solo, reduzindo a capacidade de fixação de azoto do solo e o rendimento das culturas, causando a acumulação de metais acima das concentrações permitidas nos alimentos para animais e outros produtos.

Alguns compostos inorgânicos, formados durante esta produção, têm um efeito prejudicial nos microrganismos das instalações de tratamento; param ou abrandam os processos de tratamento biológico das águas residuais e a digestão dos sedimentos nos digestores (dispositivos para a digestão anaeróbica de resíduos orgânicos líquidos para produzir metano).

Com a presença simultânea de vários componentes nocivos nas águas residuais da produção galvânica, manifesta-se o seu efeito combinado no corpo humano, nos animais de sangue quente, na flora e na fauna dos reservatórios, na microflora das instalações de tratamento dos reservatórios e nas águas residuais, o que se expressa no efeito da ação mais do que na simples soma.

Os principais componentes da poluição galvânica das águas residuais são as micropartículas, os microrganismos biológicos nocivos e o cloro.

Um método desenvolvido, utilizando um processo de electroflotação de águas residuais e uma electroflotação especialmente concebida, alimentada por um painel solar (Figura 6) para o tratamento de águas residuais galvânicas, em que os metais tóxicos (***Zn***) das águas residuais foram recolhidos num coletor recetor e a água tratada foi adequada para reutilização no processo electro galvânico ou para utilização em várias outras tecnologias sem causar danos catastróficos à flora e à fauna do ambiente. O zinco puro, obtido no processo de refinação, foi utilizado para reutilização no processo eletrogalvânico.

Num dispositivo de electroflotação especialmente concebido, os compostos de zinco presentes nas águas residuais dissociam-se em iões:

$$ZnCl_2 = Zn^{+2} + 2\,Cl^{1} \qquad (1.2.1)$$

No processo de electroflotação de águas residuais, quando a corrente contínua é passada através das águas residuais, contendo um composto metálico ($ZnCl_2$), um ião de hidrogénio H^+ e um catião de zinco Zn^{+2} aproximam-se do cátodo durante a eletrólise; o hidrogénio recebe um eletrão e o catião de zinco recebe dois electrões.

Aproximando-se do ânodo estão quatro iões ***OH***, que devolvem quatro electrões, e dois aniões Cl^1 cloro, que devolvem dois electrões.

Como resultado, o átomo de hidrogénio neutro ***H***, formado no cátodo, torna-se instável no estado livre e, tendo-se combinado com outro átomo de hidrogénio vizinho ***H***, forma uma molécula de hidrogénio diatómico H_2 , e o catião de zinco Zn^{+2} transforma-se num átomo de zinco ***Zn***.

No ânodo, o átomo neutro de oxigénio ***O*** formado no estado livre torna-se instável e, tendo-se combinado com outro átomo vizinho ***O***, forma uma molécula diatómica de oxigénio *o2*.

Além disso, formam-se duas moléculas de água no ânodo.

O átomo de cloro neutro ***Cl***, formado no ânodo, combina-se com outro átomo vizinho ***Cl*** para formar uma molécula diatómica de cloro Cl_2 .

Como resultado, no cátodo, as bolhas de hidrogénio separam-se e o átomo neutro de zinco precipita-se:

$$H^+ + e = H; \quad H + H = H_2\uparrow$$
$$Zn^{+2} + 2e = Zn \qquad (1.2.2)$$

No ânodo serão destacadas duas moléculas de água, as bolhas de hidrogénio e de cloro:

$$2Cl^{-1} - 2e = Cl + Cl = Cl_2\uparrow$$
$$4OH^- - 4e = 2H_2O + O_2\uparrow \qquad (1.2.3)$$

Um método desenvolvido, utilizando um processo de electroflotação de águas residuais e um electroflotador especialmente concebido, alimentado por um painel solar, para o tratamento de águas residuais galvânicas foi testado na fábrica da ***Packer YadPaz Tubes and Profiles Ltd*** (Kiryat - Malachi, Israel).

A Tabela 3 apresenta os resultados do tratamento das águas residuais da produção galvânica, obtidos após a conclusão do processo tecnológico geral na fábrica da ***Packer YadPaz Pipes and Profiles Ltd***.

Aqui ***MAC*** - concentração máxima admissível - a concentração máxima de elementos químicos e seus compostos no ambiente, na qual a exposição diária ao corpo humano não causa alterações patológicas ou doenças durante um longo período de tempo, determinada por métodos de investigação conhecidos para quaisquer períodos de vida das gerações actuais e subsequentes de pessoas.

O quadro 1 mostra que, após a limpeza, o teor de zinco (Zn^{2+}) diminuiu de ***8 mg/l*** para ***0***. Todo o zinco flutuou para a superfície da água e foi levado pelo coletor recetor. O teor de cloro diminuiu de ***250 mg/l*** para ***25 mg/l (90%).***

Tabela 1. *Resultados da purificação das águas residuais da fábrica pelo electroflotador desenvolvido.*

	Zinco, Zn^{2+} , mg/l	Cloretos, Cl , mg/l
Antes da limpeza	8	250
Métodos conhecidos	0.5-1.0	100-250
Após a limpeza	0	25
MAC, mg/l	0.5	100

O cloro gasoso formado pela ação da corrente contínua sobre as águas residuais da produção electro-galvânica, sob a forma de bolhas de cloro, flutua à superfície das águas residuais e evapora-se.

Os resultados obtidos atestam a elevada eficiência do método desenvolvido, utilizando a electroflotação de águas residuais e um electroflotador especialmente concebido, alimentado por um painel solar, para o tratamento de águas residuais desta empresa electrogalvânica.

O zinco, obtido a partir do processo de purificação, e a água purificada podem ser reutilizados no processo electro-galvânico da fábrica.

A água purificada após a purificação está em conformidade com as normas ***MAC*** e pode ser utilizada para qualquer processo tecnológico.

O método desenvolvido, utilizando o processo de electroflotação de águas residuais, e o electroflotador especialmente concebido, alimentado por um painel solar, são fáceis de operar, rápida e economicamente, sem o custo do consumo de eletricidade, purificam as águas residuais da indústria electro-galvânica.

Purificação das águas residuais da produção de leite

A principal fonte de águas residuais nas empresas de lacticínios é a lavagem de contentores e equipamentos aquando da limpeza das instalações industriais.

Estas águas residuais incluem perdas de leite, produtos lácteos, resíduos da produção leiteira, reagentes utilizados na lavagem do equipamento e impurezas lavadas da superfície de contentores, pavimentos, etc.

A temperatura média mensal das águas residuais de uma fábrica de lacticínios é de ***17-18 °C*** no inverno e de ***22-25 °C*** no verão.

Para as fábricas de conservas de leite e de lacticínios, o ***pH*** do escoamento está próximo do neutro (***6,8-7,4***).

Para as fábricas de queijo, fábricas de produção de queijo fresco e outros produtos lácteos fermentados, o ***pH*** das águas residuais é reduzido para ***6,2***.

A composição das águas residuais das empresas do sector dos lacticínios é apresentada no Quadro 2.

Tabela 2. *O conteúdo das águas residuais das empresas da indústria de lacticínios.* ***CQO - a carência*** *química de oxigénio define a quantidade de poluentes orgânicos na água;* ***CBO*** *- a carência bioquímica de oxigénio determina a quantidade de bactérias contaminantes nas águas residuais;* ***SS*** *- sólidos suspensos.*

Plantas	SS, mg/l	CQO, mg/l	CBO, mg/l	Gorduras, mg/l	Azoto total, mg/l	Fósforo, mg/l	pH
Fábricas de lacticínios municipais	350	1400	1200	Para 100	60	8	6.6-8.5
Plantas do leite	350	1200	100	Para	50	7	6.8-7.4

seco e do leite condensado				100			
Fábricas de queijo	600	3000	2400	Para 100	90	16	6.2-7.0

A maior parte das suspensões das águas residuais (até ***90%***) são substâncias orgânicas de origem proteica. A concentração de sólidos suspensos encontra-se numa vasta gama, dependendo do ciclo tecnológico de produção. Os valores de ***CQO*** (a carência química de oxigénio define a quantidade de poluentes orgânicos na água) e ***CBO*** (a carência bioquímica de oxigénio determina a quantidade de bactérias contaminantes nas águas residuais) das águas residuais das fábricas de lacticínios também variam muito, sendo em média de ***1400*** e ***1200 mg/l*** para as fábricas de lacticínios municipais e ***de*** 2400-3000 ***mg/l*** para as fábricas de queijo.

Os valores de ***CQO*** e ***CBO*** das águas residuais das fábricas de lacticínios estão na seguinte relação direta ***CBO*** = (***0,8-0,84***) ***CQO***, o que permite, conhecendo o valor de

CQO, para calcular aproximadamente a ***CBO*** das águas residuais de uma fábrica de lacticínios de qualquer perfil.

As águas residuais da produção de leite gordo contêm gorduras na mesma forma que o leite natural.

As gorduras do leite são glóbulos minúsculos, rodeados por um invólucro proteico hidratado, libertados durante a produção de natas, natas ácidas e manteiga a partir do leite, onde se fundem e aumentam.

Nas águas residuais das empresas de lacticínios, o azoto está contido sob a forma de grupos amino dos compostos proteicos e de pequenas impurezas de sais de amónio.

A concentração de cloretos nas águas residuais das empresas de lacticínios atinge 800 ***1000 mg/l*** e uma média de ***150-200 mg/l***.

Os principais componentes da poluição das águas residuais do sector leiteiro são as micropartículas, os microrganismos biológicos nocivos e o cloro.

Os ensaios foram efectuados na ***empresa Tnuva*** (***Kiryat Malachi, Israel***).

Table 3 apresenta os resultados do tratamento das águas residuais, obtidos após a conclusão do processo tecnológico global na fábrica de Tnuva.

O quadro 3 mostra que, após a limpeza, os sólidos suspensos são reduzidos de ***600 mg/l*** para ***30 mg/l***, ***a CQO*** é reduzida de ***3000 mg/l*** para ***110 mg/l***, a ***CBO*** é reduzida de ***2400 mg/l*** para ***25 mg/l***, as gorduras de ***100 mg/l*** *para* ***10 mg/l***, transformando as águas residuais turvas em águas quase límpidas.

Tabela 3. Resultados da purificação das águas residuais do processo tecnológico geral na fábrica da empresa ***Tnuva***.

	SS, mg/l	CQO, mg/l	CBO, mg/l	Gorduras, mg/l	Cloretos, mg/l
Antes da limpeza	600	3000	2400	100	260
Após a limpeza	30	110	25	10	20

Todos os microcomponentes da poluição flutuam até à superfície das águas residuais e são recolhidos pelo coletor recetor.

Após o tratamento das águas residuais, o teor de cloro diminuiu de 260 mg/l para 20 mg/l. O cloro gasoso, formado como resultado do impacto da corrente eléctrica nas águas residuais, flutua à superfície das águas residuais sob a forma de bolhas de cloro e evapora-se. Os resultados obtidos atestam a elevada eficiência do método desenvolvido, utilizando a electroflotação de águas residuais e um electroflotador especialmente concebido, alimentado por um painel solar, para o tratamento das águas residuais desta fábrica de lacticínios.

A água purificada pode ser reutilizada no processo tecnológico desta empresa.

A água purificada após a purificação está em conformidade com as normas ***MAC*** e pode ser utilizada para qualquer processo tecnológico.

O método desenvolvido, utilizando o processo de electroflotação de águas residuais, e o electroflotador especialmente concebido, alimentado por um painel solar, são fáceis de operar, rápida e economicamente, sem o custo do consumo de eletricidade, purificam as águas residuais da indústria de lacticínios.

Purificação de águas residuais da indústria da pasta e do papel

A indústria da pasta e do papel é o sector mais higroscópico da economia, utilizando diariamente quase ***9,2 milhões de*** metros cúbicos de água doce.

As águas residuais da indústria da pasta e do papel são geradas: na preparação de soluções químicas; no processo de cozedura de aparas de madeira com soluções químicas; na lavagem da pasta; no branqueamento da pasta; no enchimento, prensagem e secagem da pasta; na evaporação de álcalis.

As águas residuais da produção de pasta e papel têm uma cor diferente, com um elevado teor de substâncias suspensas e orgânicas, com um odor específico.

Existem métodos ácidos (sulfito) e alcalinos (sulfato) para a produção de celulose. As águas residuais, geradas pelo método de sulfato para a produção de celulose, têm um elevado teor de várias substâncias: ***33%*** - substâncias inorgânicas e ***67%*** - substâncias orgânicas. As águas residuais da produção de celulose por sulfito contêm ***10% de*** substâncias inorgânicas e ***90% de substâncias orgânicas.***

Table 4 apresenta a composição e a concentração da poluição das águas residuais da produção de produtos semi-acabados da produção de pasta e papel.

Os fluxos de águas residuais alcalinas da produção de pasta de sulfito contêm: crosta, álcali, celulose, ácido, lamas e cinzas - substâncias com um odor desagradável.

As águas residuais da indústria da pasta de papel e do papel, resultantes de processos de produção isolados, são submetidas a uma primeira depuração local da contaminação alcalina.

Os principais componentes da poluição das águas residuais da produção de pasta de papel e papel são as micropartículas, os microrganismos biológicos nocivos e o cloro.

Table 5 apresenta os resultados do tratamento das águas residuais, obtidos após a conclusão do processo tecnológico global na fábrica da ***American Israel Paper Mills Ltd.***

Tabela 4. *Composição e concentração da poluição das águas residuais da produção dos produtos semi-acabados da produção de pasta e papel*

Indicadores, mg/l	**Produção de pasta de madeira**	**Produção artesanal de castanha**	**Produção de pasta branqueada artesanal**	**Produção de caldo de castanha artesanal de sulfato**	**Produção de pasta artesanal branqueada com sulfato**
Temperatura, °C	30	30	40	35	40
Cromaticidade, graus	-	1500	3100	-	-
Odor, pontos	-	3.5	3.5	4	4
SS	1500	105	100	165	132
Dureza total, mg -equiv/l	-	7.5	-	9	7
Resíduos secos	1150	2200	2800	2650	2500
COD	1000	1600	-	1375	1150
CBO5	40	230	-	185	185
Ião cloreto	-	100	620	-	350

Tabela 5. *Resultados da purificação das águas residuais, obtidos após a conclusão do processo tecnológico geral na fábrica da empresa* ***American Israeli Paper Mills Ltd***

Indicadores, mg/l	Águas residuais	Conhecer os	Método

		métodos	desenvolvido
Temperatura, °C	30	22	22
Cromaticidade, graus	1500	400	0
Odor, pontos	3.5	5	0
SS	105	25	5
COD	1600	350	50
CBO5	230	25	10
Ião cloreto	100	10	2

Do quadro 5 conclui-se que, após a limpeza, os sólidos suspensos diminuem de ***105 mg/l*** para ***5 mg/l, a CQO*** diminui de ***1600 mg/l*** para ***50 mg/l***, a ***CBO*** diminui de ***230 mg/l*** para ***10 mg/l***, a cor de ***1500*** graus para ***0***, o odor de ***3,5*** pontos para ***0***, transformando as águas residuais turvas em águas quase límpidas. Todos os microcomponentes da poluição flutuaram para a superfície da água e foram recolhidos pelo coletor recetor.

O teor de cloro diminuiu de ***100 mg/l*** para ***2 mg/l***.

O cloro gasoso, formado como resultado do impacto da corrente eléctrica nas águas residuais, flutua à superfície das águas residuais sob a forma de bolhas de cloro e evapora-se. Os resultados obtidos atestam a elevada eficiência do método desenvolvido, utilizando a electroflotação de águas residuais e um electroflotador especialmente concebido, alimentado por um painel solar, para o tratamento das águas residuais desta fábrica de pasta e papel.

A água purificada pode ser reutilizada no processo tecnológico desta empresa.

A água purificada após a purificação está em conformidade com as normas ***MAC*** e pode ser utilizada para qualquer processo tecnológico.

O método desenvolvido, utilizando o processo de electroflotação de águas residuais, e o electroflotador especialmente concebido, alimentado por um painel solar, são fáceis de operar, rápida e economicamente, sem o custo do consumo de eletricidade, purificam as águas residuais da indústria da pasta e do papel.

Um ciclo ecológico fechado, que envolve um método de concentração de fitoplâncton da água "verde" do lago, que não só devolve a água doce ao lago, como também é eficazmente utilizado para remover o dióxido de carbono, o sulfureto de hidrogénio e enriquecer o ambiente com oxigénio e obter biocombustíveis de alta qualidade.

As zonas "verdes" estagnadas dos lagos de água doce, formadas em resultado do aumento da proliferação de fitoplâncton (***Chlorella***, ***Dunaliella***) na água estagnada sob a influência do sol, representam uma séria ameaça para o ambiente, levando à morte de fitoplâncton (***Chlorella***, ***Dunaliella***) e de peixes que emitem sulfureto de hidrogénio e poluem a água que é imprópria mesmo para uso agrícola.

A este respeito, o desenvolvimento de um ciclo ecológico fechado, incluindo a concentração de fitoplâncton a partir da "água verde" do lago, que permite utilizar a maior parte do concentrado de células de fitoplâncton de reprodução rápida resultante para produzir biocombustível de alta qualidade, e devolver o restante ao lago purificado para uma reprodução mais intensiva das células de fitoplâncton no lago de água purificada, que promove a fotossíntese nestas células sob a influência da luz solar, ou seja, a absorção de dióxido de carbono e o enriquecimento da atmosfera com oxigénio, e a utilização destas células como alimento para a reprodução dos peixes no lago, torna-se uma tarefa urgente.

O processo de obtenção de biocombustível é acompanhado por uma redução das emissões de gases com efeito de estufa, o que também tem um efeito positivo no ambiente.

As zonas "verdes" estagnadas dos lagos de água doce, formadas em resultado do aumento da proliferação de fitoplâncton no processo de eletrólise da "água verde", no electroflotador desenvolvido, geraram bolhas de hidrogénio de eletrólise microdispersas e carregadas negativamente, de tamanho uniforme, ligeiramente propensas a aderir após a separação do cátodo e mantendo um diâmetro constante durante o tempo de residência na "água verde".

Após a formação e o desprendimento da superfície do cátodo, uma bolha de hidrogénio de eletrólise microdispersa e carregada negativamente, que flutua para a superfície livre da "água verde" devido à ação da força de Arquimedes, encontra uma célula de fitoplâncton (***Chlorella*** ou ***Dunaliella***) no seu caminho.

As bolhas de hidrogénio microdispersas, carregadas negativamente, são atraídas pela sua superfície para a camada exterior, carregada positivamente, da bicamada fosfolipídica da membrana de uma célula fitoplanctónica muito maior, formando um forte contacto com esta, devido à ação num sentido da força eletrostática de atração de cargas opostas e da força de tensão superficial, que forma um forte contacto com esta camada (Figura 7).

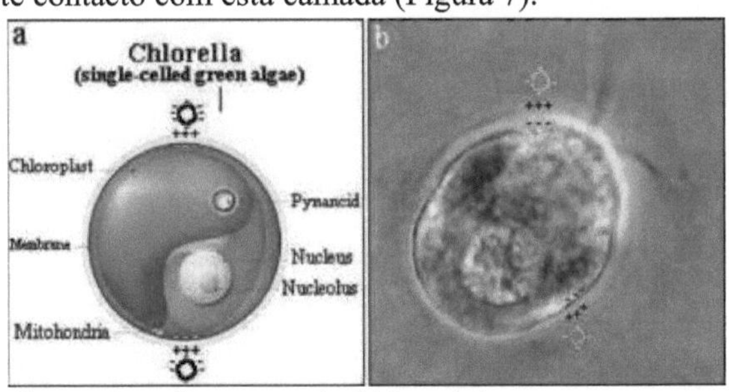

Figura 7. *Bolhas microdispersas de hidrogénio com carga negativa ligadas*

electrostaticamente a cargas positivas no lado exterior da bicamada fosfolipídica das membranas celulares de ***Chlorella*** *(a) e* ***Dunaliella*** *(b), com cargas negativas no lado interior*

A microdispersão de bolhas de hidrogénio permite cobrir completamente toda a superfície de uma célula biológica de fitoplâncton se o tamanho da célula de fitoplâncton (***Chlorella*** ou ***Dunaliella***) exceder significativamente o tamanho da bolha de hidrogénio microdispersa (Figura 8).

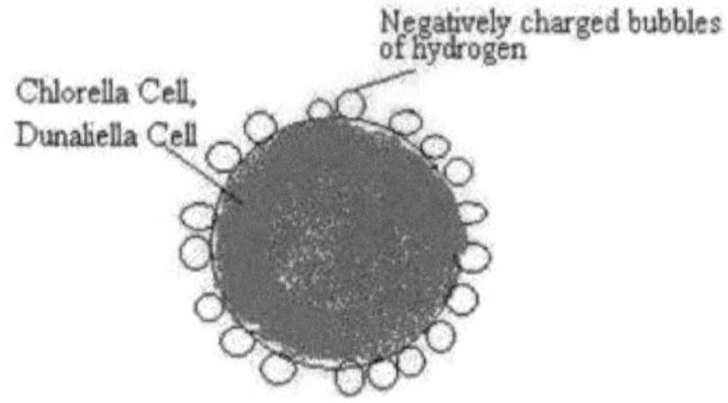

Figura 8. *Célula* ***de Chlorella*** *ou* ***de Dunaliella****, coberta pelas bolhas de hidrogénio, se a sua*

O tamanho da célula é muito maior do que o tamanho da bolha de hidrogénio.

Como resultado, o volume das células de fitoplâncton aumenta consideravelmente e, sob a influência de uma força de Arquimedes significativamente aumentada, os complexos: célula de fitoplâncton + bolhas de hidrogénio de eletrólise microdispersas e carregadas negativamente flutuam para a superfície livre da "água verde" a uma velocidade maior, formando um concentrado de fitoplâncton espumoso.

A formação de complexos tão fortes e a sua flutuação para a superfície livre da "água verde" devido a um aumento do volume do complexo torna possível elevar uma célula de fitoplâncton que anteriormente não podia flutuar.

O ciclo ecológico fechado desenvolvido prevê a concentração de fitoplâncton da "água verde" do lago, não só para restaurar a água doce sem sulfureto de hidrogénio, mas também para utilizar eficazmente a parte principal do concentrado de fitoplâncton espumoso, formado durante a concentração, para obter biocombustível e glicerina de alta qualidade, e o restante para ser devolvido ao lago para fins de reprodução intensiva na água limpa do lago, o que contribui para o aumento da fotossíntese das células multiplicadas, ou seja, maior absorção de dióxido de carbono e enriquecimento do ambiente com oxigénio, e para utilizar o concentrado de espuma resultante como alimento para a piscicultura no lago.Isto é, maior absorção de dióxido de carbono e enriquecimento do ambiente com oxigénio, e para utilizar o concentrado de espuma resultante como alimento para a criação de peixes no lago.

A utilização eficaz da parte principal do concentrado de fitoplâncton espumoso resultante, formado durante a concentração, para obter biocombustíveis e glicerol de alta qualidade é efectuada da seguinte forma [23]: extração de concentrado de fitoplâncton de alta qualidade através da utilização de hexano puro; produção de biodiesel e glicerol a partir do óleo extraído, utilizando uma reação de redução.

A parte restante do concentrado de espuma de fitoplâncton de alta qualidade resultante é devolvida ao lago, onde as células do concentrado de fitoplâncton se multiplicam intensamente devido à energia, recebida durante a concentração, devido à fosforilação e à ação da solução de católito carregada negativamente, que as envolve durante a concentração.

A fotossíntese de novas células concentradas de fitoplâncton, devolvidas ao lago, produz energia interna adicional nas células de fitoplâncton devido à sua segunda fase, a glicólise.

A energia libertada induz a célula do fitoplâncton a formar autósporos - formações rudimentares a partir das quais surgem as células filhas.

Cada célula filha que realiza a fotossíntese na água do lago cresce e, por sua vez, atinge um tamanho grande e a maturidade.

No seu interior, formam-se dois, quatro e, nestas condições, 16 autósporos. Rompendo a casca da célula-mãe, entram na água do lago, dando origem a uma nova geração de células-filhas, contendo muita clorofila e capazes de recomeçar rapidamente uma fotossíntese vigorosa, crescer e efetuar o mesmo ciclo de vida que as células das gerações anteriores (Figura 9)

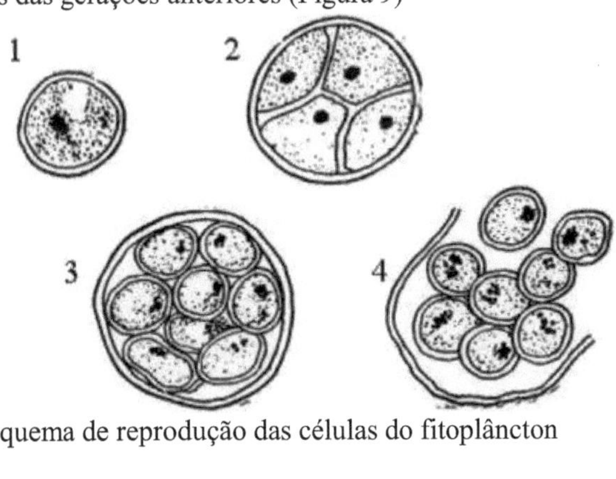

Figura 9: Esquema de reprodução das células do fitoplâncton

Nas formas muito activas em tais condições, o ciclo de vida é determinado por vários segundos.

A fotossíntese é um processo em que a energia electromagnética do Sol é absorvida pelo aparelho fotossintético das células do fitoplâncton - clorofila e pigmentos auxiliares, bem como a utilização do dióxido de carbono atmosférico devido à sua transformação em compostos orgânicos complexos e ao enriquecimento da atmosfera com oxigénio [24].

A natureza bioquímica da geração de fotossíntese de concentrado de células de ***Chlorella*** e glicose dentro delas na água do lago, usando energia solar é a seguinte. A fotossíntese é o processo da célula ***Chlorella***, absorvendo o dióxido de carbono co_2, convertendo-o em glicose e a célula ***Chlorella*** libertando o oxigénio o_2 da água, contido no interior da célula, utilizando os raios de luz, passando pelos cloroplastos e pigmentos verdes da célula.

Os cloroplastos e as dobras da membrana citoplasmática da célula ***Chlorella*** contêm um pigmento verde - a clorofila, cujas moléculas, quando excitadas pela luz solar, cedem os seus electrões, ficando vazias (com carga positiva).

Estes electrões são captados pelos transportadores de electrões nicotinamida-adenadinucleótido na forma oxidativa (***NADox***), reduzindo o nicotinamida-adenadinucleótido na forma redutora (***NADH***).

Neste caso, a energia libertada pela transferência de electrões é gasta no aquecimento do espaço circundante, em parte na formação e reserva de ácido adenosinotrifosfórico (***ATP***), cujo papel principal na célula está associado ao fornecimento de energia para numerosas reacções bioquímicas.

O processo de fotossíntese divide-se num estado induzido pela luz e num estado não induzido pela luz associado à fixação de fases: fases clara e escura (Figura 10).

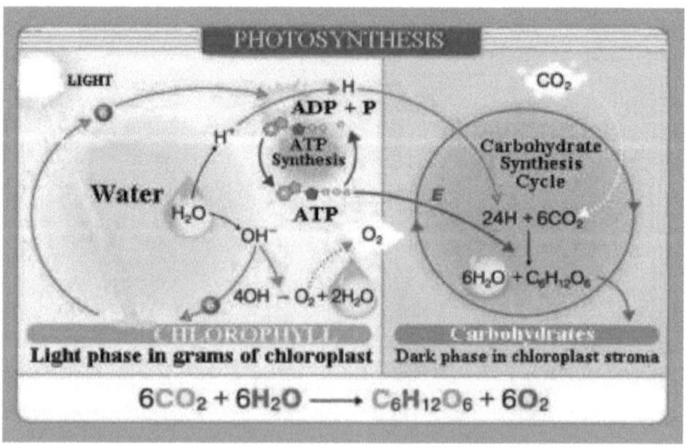

Figura 10. *Fotossíntese*

Durante a fase de luz:

1. A água na célula dissocia-se no catião hidrogénio $\mathbf{H^+}$ e no anião hidroxilo

$$H_2O \leftrightarrow H^+ + OH^- \qquad (1.2.4)$$

2. Quando expostas à luz solar, as moléculas de clorofila ficam excitadas,

doando os seus electrões, tornando-se assim vacâncias positivas.

Estes electrões, como já foi referido, são parcialmente captados pelo transportador de electrões nicotinamida adenina dinucleótido na forma oxidativa (*NADox*), reduzindo a nicotinamida adenina dinucleótido à forma redutora (*NADH*).

Neste caso, a energia libertada pela transferência de electrões é gasta no aquecimento do espaço circundante, na formação e reserva de ácido adenosina trifosfórico (*ATP*), cujo papel principal na célula está associado ao fornecimento de energia para numerosas reacções bioquímicas.

Outra parte dos electrões neutraliza os catiões de hidrogénio H^+ da água dissociada da célula, passando para a zona escura, em átomos de hidrogénio neutros H:

$H^+ + e^- \rightarrow H \rightarrow$ energia de transferência de electrões (1.2.5)

Os átomos de hidrogénio neutros resultantes num Estado Livre tornam-se instáveis e entram facilmente em reacções químicas.

Os quatro aniões hidroxilo da água dissociada da célula, atraídos pelas moléculas de clorofila que se tornaram positivas, cedem quatro electrões, formando duas moléculas de água e uma molécula de oxigénio sob a forma de uma bolha de oxigénio, que a célula de Chlorella liberta para o exterior:

$$4OH^- - 4e^- \rightarrow 2H_2O + O_2\uparrow \qquad (1.2.6)$$

Durante a fase escura:

1. Os *24* átomos de hidrogénio *H*, neutralizados na fase clara, no estado livre tornam-se instáveis e na fase escura reagem com 6 moléculas de dióxido de carbono CO_2, assimiladas pela célula.

Ao resultado da reação juntam-se ***6 moléculas*** de água ***6H2O***, obtidas na fase luminosa como resultado da atração pelas moléculas de clorofila, que se tornaram positivas, de quatro aniões hidroxilo $4OH^-$ água dissociada, que cedem quatro electrões, formando duas moléculas de água e uma molécula de oxigénio sob a forma de bolha de oxigénio, pelo que, no estroma (espaço entre os grânulos) dos cloroplastos, utilizando a energia do ***ATP***, se forma a glicose $C_6H_{12}O_6$ na fase escura. Assim, a equação comum para a fotossíntese será:

$$6CO_2 + 6H_2O \rightarrow C_6H_{12}O_6 + 6O_2\uparrow \qquad (1.2.7)$$

2. A glicose, sintetizada pela fotossíntese na zona escura durante a clivagem sem oxigénio (glicólise), é a principal fonte de energia da célula ***de Chlorella.***

A glicólise é um processo em várias etapas de decomposição, sem oxigénio, da glicose ($C_6H_{12}O_6$) em ácido pirúvico ($C_3H_4O_3$).

As reacções de glicólise são catalisadas por enzimas especiais e ocorrem no citoplasma da célula ***de Chlorella*** (Figura 11).

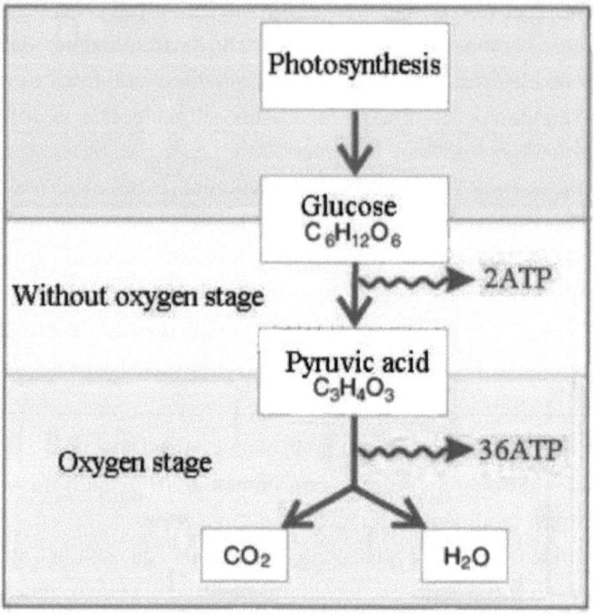

Figura 11. *Diagrama das fases de degradação da glucose*
Neste caso, é libertada energia, parte da qual é dissipada sob a forma de calor, e a restante é utilizada para a síntese de 2 moléculas de ATP.

Durante a glicólise, cada molécula de glucose é decomposta em duas moléculas de ácido pirúvico.

Os produtos intermédios da glicólise sofrem uma oxidação - são separados átomos de hidrogénio, que são utilizados para repor *o NADH*.

Assim, o processo de glicólise pode ser expresso pela seguinte equação resumida (por simplicidade, as moléculas de água não são indicadas em todas as equações de reacções de troca de energia, formadas durante a síntese de ***ATP***):

$C6H12O6 + 2NADH + 2ADP + 2H3PO4 \rightarrow 2C3H4O3 + 2NADH + H^+ + 2ATP$ (1.2.8)

Como resultado da glicólise, apenas cerca de *5%* da energia, contida nas ligações químicas das moléculas de glicose.

Uma parte significativa da energia está contida no produto da glicólise - o ácido pirúvico. Por conseguinte, após a fase sem oxigénio da glicólise, vem a fase final com oxigénio.

O ácido pirúvico, formado como resultado da glicólise, entra na mitocôndria da célula ***da Chlorella***, onde é completamente decomposto e oxidado nos produtos finais - *co2* e ***H20***.

O *NADox* reduzido, produzido durante a glicólise, também entra na mitocôndria, onde sofre oxidação.

Durante a fase de oxigénio, o oxigénio é consumido e são sintetizadas ***36*** moléculas ***de ATP*** (por cada ***2*** moléculas de ácido pirúvico).
o CO_2 é libertado das mitocôndrias para o hialoplasma da célula de ***Chlorella*** e depois para o ambiente.
Assim, a equação geral da glicólise com oxigénio pode ser representada da seguinte forma

$$2C3H4O3+6O2+2NADH+H^{+} \quad +36ADP+36H3PO4 \quad -> \quad 6CO2+6H2O+2NADox+6ATP$$

(1.2.9)

Para a aplicação prática do ciclo ecológico fechado desenvolvido, que inclui o método de concentração de fitoplâncton da "água verde" do lago, que não só repõe a água doce no lago, mas também é eficazmente utilizado para remover o dióxido de carbono, o sulfureto de hidrogénio e enriquecer o ambiente com oxigénio, foi concebido um electroflotador especial.
O electroflotador desenvolvido, ao contrário dos electroflotadores existentes, tem uma base de eletrólise que não contém eléctrodos, que utilizam uma malha densa com pequenas células.
O elétrodo inferior (cátodo) da base de eletrólise é um disco de grafite queimada, fixado na base do electroflotador.
O elétrodo superior (ânodo) da base de eletrólise, feito de aço inoxidável, é uma malha com células grandes.
Entre os eléctrodos existe um dispositivo especial para regular a distância interelectrodos, fixado no cátodo e feito de um material não condutor.
O painel solar é ligado aos eléctrodos de electroflotação através de um dispositivo de encaixe especial.
A câmara de flutuação do dispositivo de flutuação eléctrica tem uma forma cilíndrica e, por conseguinte, não tem zonas de estagnação para os complexos de concentrados de espuma de fitoplâncton que flutuam na superfície livre da "água verde" do lago.
A figura 12 mostra o esquema geral do ciclo ecológico fechado desenvolvido, que inclui a conceção de uma electroflotação especialmente concebida, alimentada por um painel solar, e o princípio do seu funcionamento.
Estruturalmente, o ciclo ecológico fechado desenvolvido contém o electroflotador contínuo especialmente concebido, alimentado por um painel solar através de eléctrodos -1, que estão ligados a um semicondutor de silício do tipo N -2 e a um semicondutor de silício do tipo P -3, tem uma câmara de flutuação - 6, feita sob a forma de um recipiente retangular, cujos cantos estão equipados com inserções especiais, pelo que a parte interna da câmara assume a forma de um cilindro, e a parede superior traseira está equipada com um refletor.

No processo de purificação da "água verde" do lago, a "água verde" entra na câmara de flutuação - 6 através de um tubo com uma válvula 4, uma bolsa 5 e uma ranhura 7, para concentrar as células de fitoplâncton da "água verde" do lago e recircular a "água verde" purificada de volta para o lago.

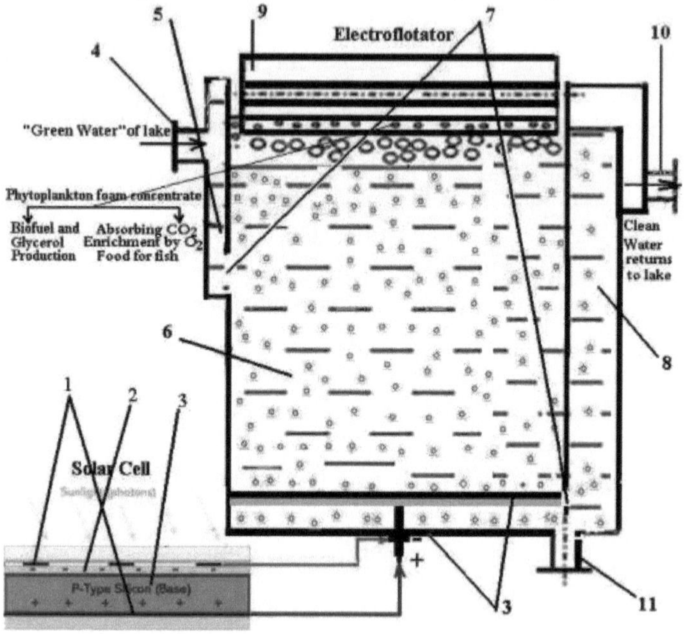

Figura 12. *O esquema geral do ciclo ecológico fechado desenvolvido, que inclui a conceção de uma electroflotação especialmente concebida, alimentada por um painel solar, e o princípio do seu funcionamento.*

A água pura, depois de passar pela câmara de pós-tratamento - 8, é descarregada do electroflotador através de uma bolsa e de um tubo de drenagem com uma torneira - 10 para o lago. Complexos flutuantes: bolhas de hidrogénio microdispersas + células de fitoplâncton são recolhidas numa camada de concentrado de espuma de células de fitoplâncton na parte superior da câmara de flotação e são removidas por um dispositivo de pás - 9 para uma cápsula recetora especial, a partir da qual a parte principal do concentrado de espuma de células de fitoplâncton é utilizada para obter biocombustível e glicerina, sendo o restante devolvido ao lago, onde as células de

o concentrado de espuma de fitoplâncton multiplica-se intensamente devido à energia libertada no interior das células fitoplanctónicas, obtida no electroflotador devido à fosforilação e à ação da solução catolítica carregada negativamente que as envolve, o que contribui para a sua fotossíntese, ou seja, para a absorção de dióxido de carbono e enriquecimento do meio com oxigénio,

e para a sua utilização como alimento para os peixes reprodutores do lago.
O elemento principal do electroflotador é a base de eletrólise-3, ligada ao painel solar sob a forma de uma forquilha e contendo um mecanismo especial feito de material não condutor, fixado no cátodo, que permite ajustar facilmente o tamanho do intervalo interelectrodo.
Após a conclusão da lavagem do electroflotador e a remoção de toda a água residual, é fornecido um tubo de derivação com uma torneira - 11.
A válvula está fechada durante o funcionamento do electroflotador.
Uma vez que o electroflotador desenvolvido é um electroflotador de tipo contínuo, é possível utilizá-lo de acordo com um esquema modular.
No esquema modular dos electroflotadores, a ligação em série dos electroflotadores é uma ligação em que a saída de um electroflotador é ligada à entrada de outro.
A qualidade da concentração de células de fitoplâncton e a depuração da "água verde" do lago para dois electroflotadores ligados em série, ou seja, a melhoria da qualidade da concentração de células de fitoplâncton e a depuração da "água verde" do lago é um múltiplo do número de electroflotadores numa cadeia de electroflotadores ligados em série.
Numa cadeia modular de electroflotadores, uma ligação paralela de electroflotadores é uma ligação em que a "água verde" do lago flui através de um tubo de entrada comum simultaneamente para todos os electroflotadores, e os concentrados de células de fitoplâncton e a água purificada saem de todos os electroflotadores para os tubos de saída comuns de concentrado e água pura ao mesmo tempo.
A quantidade de água purificada por dois electroflotadores ligados em paralelo é duplicada, ou seja, a quantidade de água purificada é um múltiplo do número de electroflotadores numa cadeia de electroflotadores ligados em paralelo.

1.3 Formação de soluções catolíticas e anolíticas durante a eletrólise e seu efeito na membrana de uma célula biológica (Chlorella, Dunaliella, cancro)

A formação intensiva de bolhas de hidrogénio de eletrólise microdispersas e carregadas negativamente durante o processo de eletrólise, a sua repulsão do cátodo e a subida à superfície livre da água, satura a água com bolhas de hidrogénio de eletrólise microdispersas e carregadas negativamente, formando água de hidrogénio carregada negativamente - uma solução aquosa de católito.
A solução aquosa de catolito tem propriedades bioestimulantes melhoradas.

Tem um efeito benéfico na célula biológica, activando os processos metabólicos, aumentando as defesas das células biológicas e a atividade metabólica.

Por outro lado, a formação intensiva de bolhas de oxigénio de eletrólise carregadas positivamente durante o processo de eletrólise, a sua repulsão do ânodo e a sua ascensão à superfície livre da água saturam a água com bolhas de oxigénio de eletrólise carregadas positivamente, formando água de oxigénio carregada positivamente - uma solução aquosa de anólito, uma solução aquosa de anólito, formada no ânodo durante a eletrólise, tem propriedades anti-sépticas suaves. O efeito desinfetante do anólito é equivalente ao tratamento com iodo, verde brilhante, peróxido de hidrogénio, sem provocar queimaduras químicas nos tecidos vivos e sem os manchar.

O autor revelou o mecanismo desse efeito de soluções aquosas de catolito e anolito numa célula biológica, que consiste no seguinte.

A membrana de uma célula biológica contém moléculas de proteínas, embebidas na sua matriz de bicamada fosfolipídica (Figura 13).

PROTEÍNA DE ALFA-HÉLICE

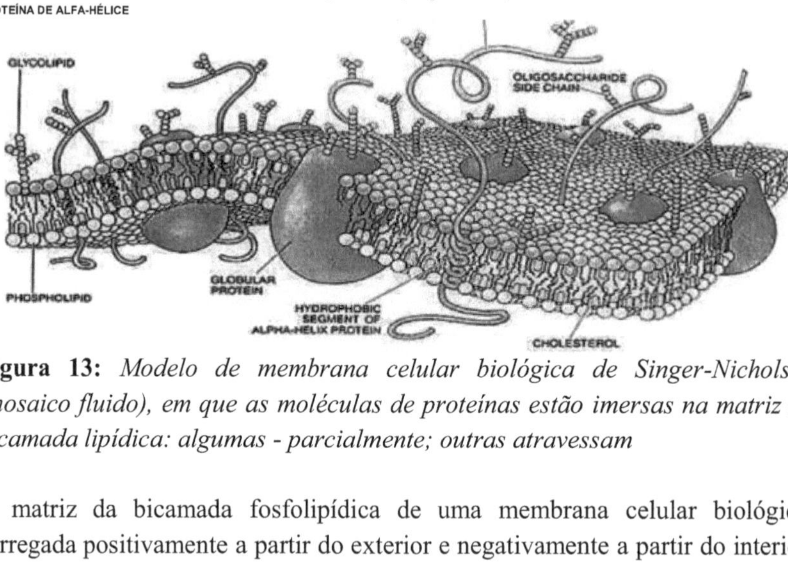

Figura 13: *Modelo de membrana celular biológica de Singer-Nicholson (mosaico fluido), em que as moléculas de proteínas estão imersas na matriz da bicamada lipídica: algumas - parcialmente; outras atravessam*

A matriz da bicamada fosfolipídica de uma membrana celular biológica, carregada positivamente a partir do exterior e negativamente a partir do interior, cria um campo eletrostático que actua sobre o colesterol contido no interior da matriz da bicamada fosfolipídica (Figura 14), que tem a propriedade de alterar a sua orientação ótica na direção do campo eletrostático atuante e de assumir a configuração de camadas moleculares horizontais com lacunas através das quais a água, o oxigénio, o dióxido de carbono e as substâncias lipofílicas passam do ambiente para a célula biológica (Figura 15).

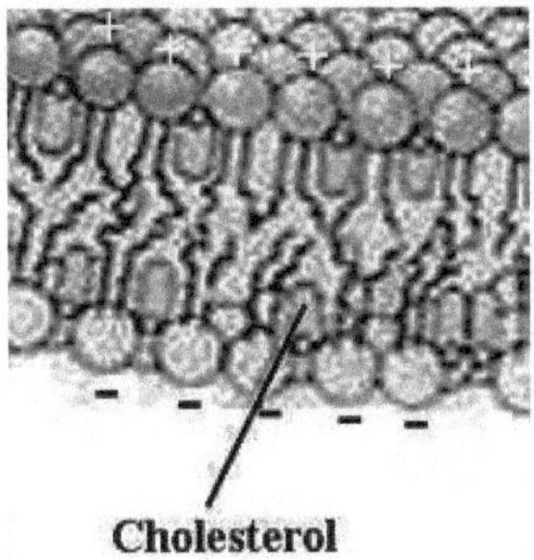

Colesterol

Figura 14: *A matriz da bicamada lipídica com colesterol (cristal líquido colestérico) carregada positivamente do exterior e negativamente do interior*

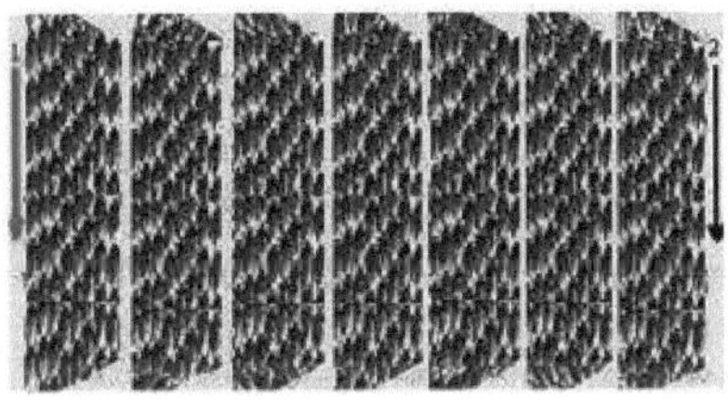

Figura 15: *Configuração do colesterol no campo elétrico: 1- direção dos eixos ópticos principais; 2- direção do campo elétrico*

Assim, se o ambiente que rodeia uma célula biológica for uma solução aquosa de catolito com carga negativa, atrai as cargas positivas da camada exterior da bicamada fosfolipídica da membrana da célula biológica, o que aumenta o campo eletrostático entre as camadas exterior e interior da bicamada fosfolipídica, aumentando assim as propriedades bioestimulantes da célula biológica.

O efeito oposto é observado quando uma solução aquosa de anólito, formada durante a eletrólise através da saturação da água com bolhas de oxigénio de eletrólise com carga positiva, carregando a água com uma carga positiva, destrói as células biológicas, reduzindo o potencial das cargas positivas no exterior da membrana devido à repulsão eletrostática até serem completamente removidas, o que leva à ausência de um campo eletrostático e à adoção de uma configuração de colesterol com camadas moleculares verticais sem lacunas (Figura 16), em resultado da qual a troca de substâncias entre a célula e o ambiente pára e esta morre.

Figura 16: *Configuração do colesterol sem campo elétrico*

As moléculas de proteínas, embebidas na bicamada fosfolipídica, actuam como uma bomba acelerada de sódio e potássio (Figura 17, [25]), que também desempenha um papel importante no metabolismo de uma célula biológica e na sua reprodução.

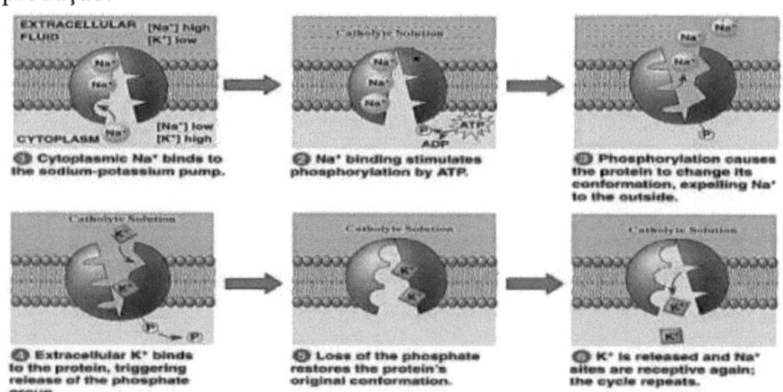

Figura 17 - *O catolito carregado negativamente acelerou a bomba de sódio e potássio.*

Os catiões citoplasmáticos de carga positiva Na^{+1} ligam-se à bomba de sódio-potássio. A ligação ***do*** Na^{+1} estimula a fosforilação ***do ATP.***

A fosforilação faz com que a proteína mude a sua conformação e, na solução aquosa de catolito, que envolve a célula, devido à ação da atração eletrostática da solução aquosa de catolito, carregada negativamente, acelera os catiões Na^{+1}, carregados positivamente, para o exterior.

Os catiões K^{+1} extracelulares de carga positiva, utilizando a força de atração eletrostática da solução catolítica de carga negativa que envolve a célula, ligam-

se à proteína, provocando a libertação do grupo fosfato.
A perda de fosfato restaura a proteína à sua conformação original.
o K^{+1} é libertado e os sítios Na^{+1} tornam-se novamente receptivos; o ciclo repete-se.
Se uma célula biológica for colocada numa solução de um anólito aquoso carregado positivamente, então o bombeamento de sódio é impossível devido à repulsão eletrostática dos catiões de sódio carregados positivamente pela solução aquosa anólita carregada positivamente que a rodeia.
Pela mesma razão, os catiões K^{+1} extracelulares não conseguem penetrar na célula através da proteína (Figura 18, [25]).

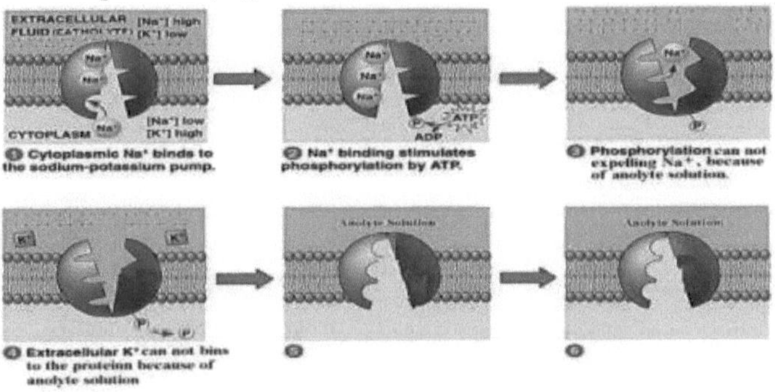

Figura 18: Repulsão eletrostática do *anólito com carga positiva* dos catiões de sódio *e potássio extracelular com carga positiva.*

As explicações do mecanismo de ação das soluções aquosas de católito e de anólito sobre uma célula biológica permitiram ao autor, utilizando o método desenvolvido e um electroflotador-concentrador especialmente concebido, obter um concentrado de espuma de alta qualidade e de multiplicação rápida de ***células de Chlorella*** e de ***Dunaliella***; utilizando o método desenvolvido e um electroflotador doméstico de duas câmaras especialmente concebido, realizar a linfossorção e a remoção e destruição de células cancerosas na linfa. Para a aplicação experimental do mecanismo teórico da ação de uma solução catolítica carregada negativamente sobre a membrana de uma célula biológica colocada nesta solução, foi escolhida a electroflotação de células ***de Chlorella*** e ***Dunaliella*** por bolhas de hidrogénio microdispersas carregadas negativamente, cuja formação foi descrita acima.
Os primeiros estudos realizados no subcapítulo 1.2 mostraram que a utilização de bolhas de hidrogénio carregadas negativamente com uma dispersão calculada resolve a tarefa principal de qualquer processo tecnológico, associado à purificação da água ou à concentração de células biológicas microscópicas da água: criar um complexo duradouro de bolhas de hidrogénio + célula biológica

microscópica.

Após a formação e o desprendimento da superfície do cátodo, uma bolha de hidrogénio de eletrólise microdispersa, carregada negativamente, que sobe até à superfície livre da solução de católito formada, encontra no seu caminho uma célula biológica (célula de ***Chlorella***, célula de ***Dunaliella***) muito maior do que uma bolha de hidrogénio e electrostaticamente ligada a cargas positivas no lado exterior da célula membranar, tendo cargas negativas no seu lado interior.

Como resultado da resultante atração de cargas opostas, uma bolha de hidrogénio microdispersa, carregada negativamente, adere à camada exterior, carregada positivamente, da bicamada fosfolipídica da membrana celular, formando um forte contacto com esta, criando um forte complexo de uma ou mais bolhas de hidrogénio + célula biológica microscópica (Figura 19).

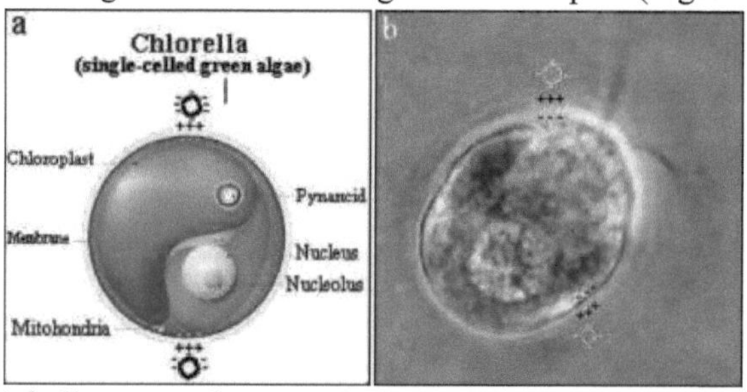

Figura 19: *A bolha microdispersa de hidrogénio com carga negativa ligada electrostaticamente a cargas positivas no lado exterior das células membranares de* ***Chlorella*** *(a) e* ***Dunaliella*** *(b), com cargas positivas no lado interior*

A força de contacto é explicada pela ação de duas forças: a força de tensão superficial ***F*** e a força de atração eletrostática *FE*, que, neste caso, actuam em conjunto na forte fixação da ou das bolhas de hidrogénio na superfície da célula biológica. A microdispersão das bolhas de hidrogénio permite cobrir completamente toda a superfície da célula biológica, se o tamanho da célula biológica for muito superior ao tamanho da bolha de hidrogénio (Figura 20).

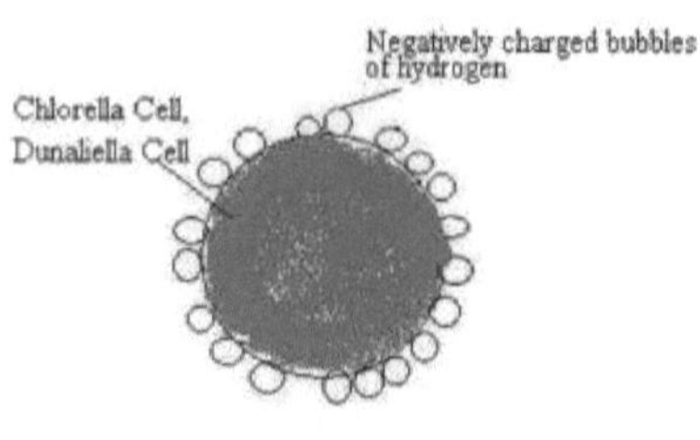

Figura 20: *Célula **de Chlorella** ou **de Dunaliella**, coberta pelas bolhas de hidrogénio, se o tamanho da sua célula for muito superior ao tamanho da bolha de hidrogénio.*

Como resultado, o volume do complexo: célula biológica + bolhas de hidrogénio (**V**) aumenta fortemente, e devido ao aumento considerável da força **de** Arquimedes $F_A = p_{fl}\, gV$, o complexo da célula biológica + bolhas de hidrogénio com o aumento da velocidade flutua para cima, formando um concentrado espumoso de alta qualidade de células biológicas (***Chlorella*** ou ***Dunaliella***).

As bolhas de hidrogénio carregadas negativamente revitalizam as células biológicas numa solução catolítica carregada negativamente, aumentando electrostaticamente as cargas positivas no lado exterior da membrana celular, ao mesmo tempo que têm cargas negativas no seu lado interior, o que aumenta a abertura do colesterol, contido no interior da bicamada lipídica da membrana, levando a um aumento do transporte de água, oxigénio, dióxido de carbono e substâncias lipofílicas da solução catolítica para a célula biológica durante a electroflotação (Figura 21).

A figura 21 demonstra a adoção pelas células de ***Chlorella*** ou ***Dunaliella de*** colesterol de membrana, colocada numa solução aquosa de catolito, de configuração com espaços abertos entre as suas monocamadas, o que acelera os processos metabólicos nas células ***de Chlorella*** ou ***Dunaliella***.

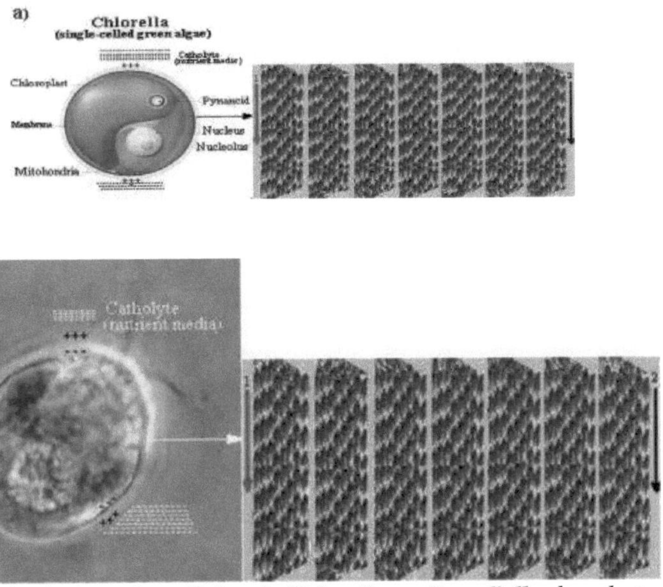

Figura 21: *A adoção pelas células de **Chlorella** ou **Dunaliella** do colesterol de*

membrana, colocado numa solução aquosa de catolito, de configuração com espaços abertos entre as suas monocamadas, o que acelera os processos metabólicos nas células ***de Chlorella*** *ou* ***Dunaliella.***

a) - ***Chlorella****; b) -* ***Dunaliella****; 1- direção dos eixos ópticos principais; 2- direção do campo elétrico*

Além disso, ao mesmo tempo, ocorre uma libertação acelerada de catiões Na^{+1} através da proteína de transporte de uma célula biológica devido à atração eletrostática de uma solução de católito carregada negativamente e dos catiões Na^{+1} carregados positivamente ejectados, e os catiões K^{+1} extracelulares ligam-se à proteína, provocando a libertação de um grupo fosfato, cuja perda restaura a conformação original da proteína e liberta catiões K^{+1} para a célula.

Assim, a solução de catolito bioestimula as células biológicas (***Chlorella*** ou ***Dunaliella***) e na concentração obtida pelo método desenvolvido, as células biológicas não só estão vivas, como também começam a multiplicar-se intensamente.

Para a utilização separada de bolhas de hidrogénio e de oxigénio e, consequentemente, de uma solução catolítica ou anolítica, foi desenvolvido um electroflotador-concentrador especial (Figura 22), no qual uma membrana, feita de material de mangueira de incêndio que impede a penetração das bolhas de oxigénio O_2 e dos aniões hidroxilo OH^- na zona das bolhas de hidrogénio H_2 e dos catiões de hidrogénio H^+ ou, quando os eléctrodos estão invertidos, que impede a penetração das bolhas de hidrogénio H_2 e dos catiões de hidrogénio H^+ na zona das bolhas de oxigénio O_2 e dos aniões hidroxilo OH^- , foi colocada entre o cátodo e o ânodo.

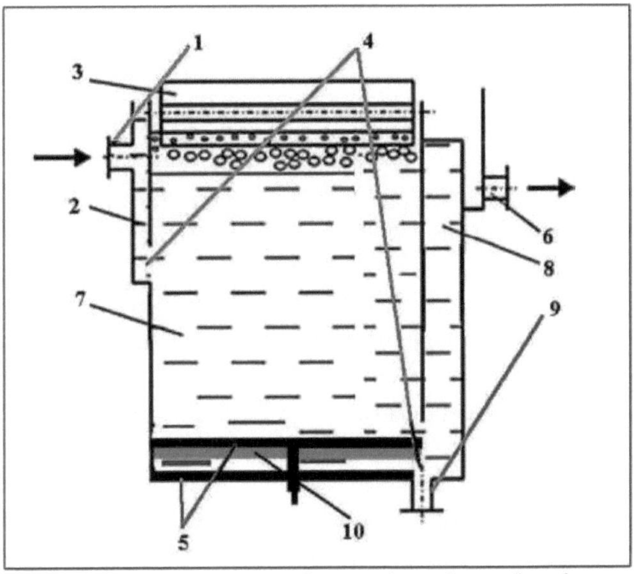

Figura 22: *Construção esquemática do electroflotador-concentrador desenvolvido.*

Estruturalmente, o electroflotador-concentrador tem uma câmara de flotação 7, feita sob a forma de um recipiente retangular, cujos cantos são fechados com inserções especiais, o que permite que o interior da câmara de flotação tome a forma de um cilindro, e a parede superior traseira está equipada com um refletor para evitar a formação de zonas de estagnação na câmara.

A biomassa de células de ***Chlorella*** ou ***Dunaliella***, contida no meio nutriente, entra na câmara de flutuação 7 através de um tubo de derivação com uma válvula 1, uma bolsa 2 e uma ranhura 4. As células vivas flutuantes de ***Chlorella*** ou ***Dunaliella*** são recolhidas numa camada de espuma na parte superior da câmara de flotação e removidas por um dispositivo de pás 3.

Na parte inferior da câmara de flotação, o electroflotador-concentrador, equipado com um ânodo, feito de grafite queimada.

O papel principal no electroflotador é desempenhado pela base do elétrodo **5**, feita sob a forma de uma ficha e equipada com um mecanismo especial que permite ajustar simplesmente a distância entre eléctrodos.

Por cima do ânodo é instalado um cátodo feito de uma grelha resistente à corrosão com um dispositivo de conceção especial que facilita o ajuste do tamanho do espaço e localizado nos seus bordos.

Entre o cátodo e o ânodo foi colocada uma membrana, feita de material de mangueira de incêndio ***10***, que protege contra a penetração de hidroxilos e

bolhas de oxigénio de eletrólise, ou seja, anólito, na câmara de flotação **7**.
Após a conclusão do trabalho, é utilizado um bocal com uma torneira **9** para lavar o electroflotador-concentrador e retirar todo o fluido de drenagem.
A válvula é fechada antes de iniciar o trabalho do electroflotador-concentrador.
O electroflotador-concentrador funciona em modo contínuo.
Com base em Israel Oceanographic ***& Limnological Research ltd (Israel)***, para confirmar o mecanismo teórico desenvolvido da ação de uma solução catolítica carregada negativamente sobre a membrana de uma célula biológica, colocada nesta solução durante a electroflotação, foram efectuados testes com o exemplo de estirpes de células de ***Chlorella*** e ***Dunaliella*** dos **mares Mediterrâneo** e **Vermelho (Eilat)** [26].
Estudo experimental do efeito da solução catolítica negativa sobre a membrana das células biológicas de ***Chlorella*** e ***Dunaliella*** durante a sua electroflotação com solução catolítica de bolhas de hidrogénio de eletrólise microdispersa, realizado num electroflotador-concentrador especialmente concebido para o efeito (figura 22).
Os dados experimentais obtidos indicaram que, para as células de Chlorella, Dunaliella + meio nutritivo, a utilização de corrente eléctrica contínua em células ***de Chlorella, Dunaliella*** + meio nutritivo com uma tensão de **100 V** permite recolher completamente as células ***de Chlorella, Dunaliella*** em ***5 segundos***.
A solução catolítica, formada durante a electroflotação, abre o colesterol, localizado entre duas camadas da bicamada fosfolipídica das membranas das células de ***Chlorella***, ***Dunaliella, o*** que leva a um aumento amplificado do transporte de água, oxigénio, dióxido de carbono e substâncias lipofílicas da solução catolítica para a célula biológica, bem como à libertação acelerada de catiões $\mathbf{Na^{+1}}$ através da proteína de transporte da célula biológica, o que ocorre devido à atração eletrostática do católito carregado negativamente pelos catiões $\mathbf{Na^{+1}}$ carregados positivamente ejectados, e os catiões $\mathbf{K^{+1}}$ extracelulares ligam-se à proteína, provocando a libertação do grupo fosfato, cuja perda restabelece a conformação original da proteína e liberta os catiões $\mathbf{K^{+1}}$ para a célula.
Tudo isto leva a um aumento da atividade de uma célula biológica e à sua rápida reprodução.
Microbiologistas da **Israel Oceanographic & Limnological Research Ltd** descobriram que as células recolhidas de ***Chlorella, Dunaliella*** permanecem vivas e multiplicam-se intensamente sob a influência de uma solução catolítica.
O aumento de células de ***Chlorella*** e ***Dunaliella*** não foi inferior a ***100*** vezes.
Tal como as bolhas de hidrogénio microdispersas com carga negativa, após a formação e o desprendimento da superfície do ânodo, uma bolha de oxigénio de

eletrólise com carga positiva, sobe para a superfície livre da solução linfática anólito, encontra no seu caminho uma célula cancerígena morta devido à ação da solução linfática anolítica sobre ela (a solução linfática anolítica reduz as cargas potenciais positivas na camada exterior da bicamada fosfolipídica da membrana da célula cancerígena devido à repulsão eletrostática até à sua remoção completa, o que leva à ausência de um campo elétrico no interior da célula cancerígena e à sua morte), muito maior do que uma bolha de oxigénio.
Como resultado da ação da força de tensão superficial ***F***, que actua sobre a forte fixação da bolha ou bolhas de oxigénio na superfície da célula cancerosa morta, a bolha de oxigénio adere à célula, formando um forte contacto com ela (Figura 23).

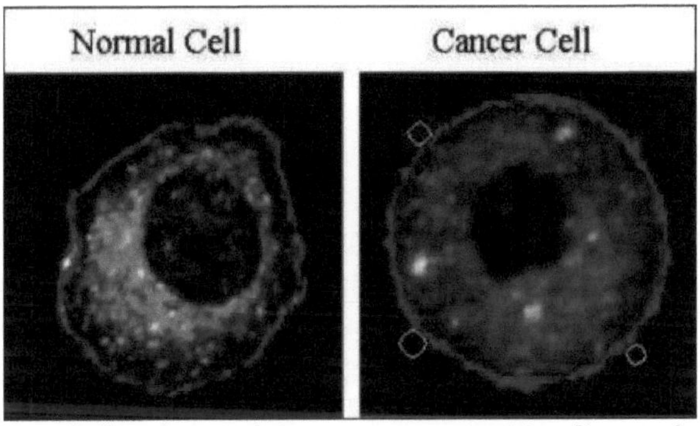

Figura 23: *Uma bolha de oxigénio com carga positiva liga-se à superfície da célula cancerosa devido à ação da tensão superficial.*

As bolhas de oxigénio da eletrólise permitem cobrir completamente toda a superfície da célula cancerosa morta, se o tamanho da célula for muito superior ao tamanho da bolha de oxigénio (Figura 24).

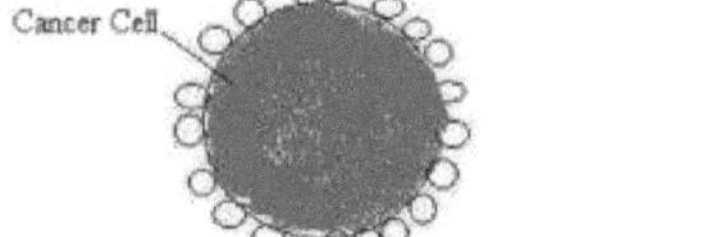

Figura 24: *Célula cancerosa, coberta pelas bolhas de oxigénio, se o tamanho da célula for muito superior ao tamanho da bolha de oxigénio.*
Em consequência, o volume do complexo de células cancerosas mortas + bolha ou bolhas de oxigénio (V) aumenta fortemente e, devido ao aumento considerável da força de Arquimedes $F_A = \rho_{fl} g V$, o complexo de células

cancerosas mortas + bolhas de oxigénio flutua a uma velocidade superior.

O autor, utilizando hidrogénio microdisperso de carga negativa, bolhas de oxigénio de carga positiva e solução linfática anólito, desenvolveu um método de purificação da linfa de componentes tóxicos e de destruição de células cancerígenas [27].

Para a limpeza da linfa de doentes com cirrose hepática ou hepatite de substâncias tóxicas, utiliza-se a adesão de bolhas de hidrogénio de eletrólise microdispersas com carga negativa, formadas sob a influência da corrente eléctrica direta na primeira câmara de um electroflotador médico de duas câmaras, sobre micropartículas tóxicas e células cancerígenas, formando fortes complexos de bolhas de hidrogénio + micropartículas tóxicas e bolhas de hidrogénio + células cancerígenas, que, devido ao aumento do volume de elevação, flutuam a uma velocidade superior, o que conduz a uma separação fácil e natural das micropartículas tóxicas e das células cancerígenas da linfa na primeira câmara do electroflotador médico de duas câmaras.

A destruição e a remoção das células cancerígenas, remanescentes após a primeira câmara, são realizadas na segunda câmara devido ao efeito sobre as células cancerígenas da solução linfática anólito com carga positiva e pela flutuação das células cancerígenas mortas, neste caso, realizada devido à formação de complexos bolhas de oxigénio + células cancerígenas mortas. O isolamento da solução linfática anolítica da solução linfática catolítica é efectuado através da colocação de uma membrana, feita de material de mangueira de incêndio, entre o ânodo e o cátodo, o que impede a penetração do catolito e das bolhas de hidrogénio na zona anódica da segunda câmara do electroflotador médico de duas câmaras.

A figura 25 apresenta o electroflotador médico de duas câmaras desenvolvido para limpar a linfa de um doente com cirrose hepática ou hepatite de substâncias tóxicas e destruir e remover as células cancerígenas que nela permanecem para recirculação em ciclo fechado.

Estruturalmente, um electroflotador médico de duas câmaras tem duas câmaras, cada uma das quais está equipada com uma câmara de flutuação -7, feita sob a forma de um recipiente retangular, cujos cantos estão providos de inserções especiais, pelo que a parte interna da câmara de flutuação adquire a forma de um cilindro, e a parede superior traseira da câmara de flutuação está equipada com um refletor.

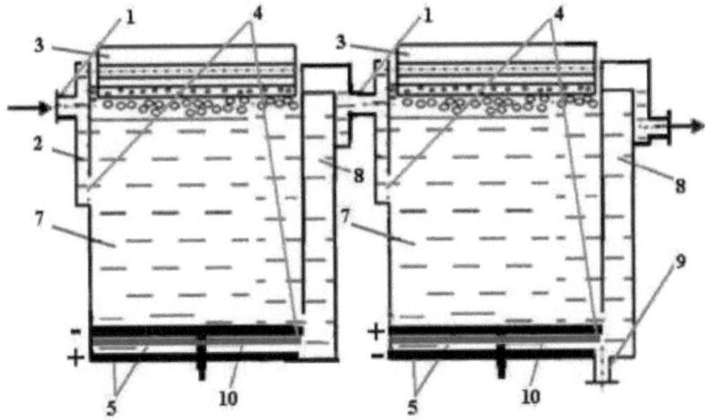

Figura 25: *Esquema do electroflotador médico de duas câmaras desenvolvido para a limpeza da linfa de doentes com cirrose hepática ou hepatite de substâncias tóxicas e para a destruição e remoção das células cancerígenas que nela permanecem para recirculação em ciclo fechado.*

A linfa selecionada durante a drenagem através do ducto mamário canulado, contendo todos os microcomponentes tóxicos de alta concentração e células cancerígenas, utilizando uma mangueira médica especial, é introduzida na câmara de flutuação -7 da primeira câmara do electroflotador médico de duas câmaras através de um bocal com uma torneira 1, uma bolsa 2 e uma abertura 4 para limpar a linfa de microcomponentes tóxicos de alta concentração e remover as células cancerígenas.

O elemento principal da primeira câmara do electroflotador de duas câmaras é a base de eletrólise-5, cujos eléctrodos são feitos sob a forma de uma ficha, e tem um mecanismo especial que permite ajustar facilmente o tamanho do intervalo interelectrodo. O cátodo, localizado no ânodo, foi produzido a partir da rede metálica estéril resistente à corrosão e utiliza a construção especial que regula simplesmente o tamanho do espaço entre o cátodo e o ânodo.

O ânodo foi produzido a partir de aço inoxidável estéril e está montado na parte inferior da câmara de flutuação da primeira câmara do electroflotador de duas câmaras.

Para evitar a penetração do anólito e das bolhas de oxigénio da eletrólise, que interferem com a flutuação dos complexos com bolhas de hidrogénio microdispersas na primeira câmara do electroflotador médico de duas câmaras, na base de eletrólise da primeira câmara é colocada uma membrana (10) feita de material de mangueira de incêndio.

Esta membrana impede que os aniões OH^- e as bolhas de oxigénio que se formam na eletrólise entrem na primeira câmara.

Após a formação e separação da superfície do cátodo, as bolhas de hidrogénio microdispersas com carga negativa, que se elevam na linfa, encontram no seu caminho micropartículas tóxicas de componentes sólidos da linfa e células cancerosas muito maiores do que uma única bolha de hidrogénio, e uma bolha de hidrogénio induz uma carga positiva na superfície exterior de uma micropartícula de componentes tóxicos da linfa.
Como resultado da atração de cargas opostas, as bolhas de hidrogénio aderem a uma micropartícula tóxica ou a uma célula cancerígena, formando um forte contacto. O volume dos complexos formados de uma micropartícula tóxica + bolhas de hidrogénio e de uma célula cancerígena + bolhas de hidrogénio aumenta consideravelmente e, sob a ação de uma força de Arquimedes significativamente maior, os complexos de micropartículas tóxicas + bolhas de hidrogénio e de uma célula cancerígena + bolhas de hidrogénio flutuam a uma velocidade maior até à superfície livre da solução de católito linfático, onde são recolhidos na camada de espuma na parte superior da primeira câmara do electroflotador médico de duas câmaras e são transferidos para a cápsula especial.
Os microcomponentes tóxicos flutuantes e as células cancerosas removidas são recolhidos numa camada de espuma na parte superior da câmara de flutuação da primeira câmara do electroflotador de duas câmaras e são recolhidos por um dispositivo de pá -3 numa cápsula especial.
A linfa purificada, depois de passar pela câmara de limpeza adicional 8 da primeira câmara do electroflotador de duas câmaras, entra na segunda câmara através de uma bolsa e de um tubo de drenagem com uma torneira.
A linfa limpa de produtos tóxicos com os restos de células cancerígenas não destruídas entra na câmara de flutuação -7 da segunda câmara do electroflotador médico de duas câmaras através de um bocal com uma torneira 1, uma bolsa 2 e uma abertura 4 para destruir as células cancerígenas que permanecem na linfa e removê-las da linfa.
Na segunda câmara do electroflotador médico de duas câmaras, a base de eletrólise é um ânodo de grelha com um dispositivo especial para ajustar o intervalo entre o ânodo e o cátodo, localizado acima do cátodo, e um cátodo feito de material anticorrosivo sólido, localizado no fundo da segunda câmara do electroflotador médico de duas câmaras.
Entre o ânodo e o cátodo encontra-se uma membrana de mangueira de incêndio (10). A membrana impede que os catiões de hidrogénio e as bolhas de hidrogénio da eletrólise, formadas devido à eletrólise, entrem na zona do ânodo.
A solução anolítica da linfa, formada como resultado da saturação por bolhas de oxigénio de eletrólise de carga positiva, geradas no processo de eletrólise na

segunda câmara, mata as células cancerígenas que permanecem na linfa e forma complexos de bolhas de oxigénio de eletrólise + células cancerígenas mortas, flutuando para a superfície livre da solução anolítica da linfa, onde são recolhidas na camada de espuma na parte superior da segunda câmara do electroflotador médico de duas câmaras e são afastadas por um dispositivo de pá -3 para a cápsula especial.

A linfa, limpa de produtos tóxicos e isenta de células cancerígenas, depois de passar pela câmara de limpeza adicional 8 da segunda câmara do electroflotador de duas câmaras através da mangueira médica, é reinfundida na subclávia ou numa das veias da patente cubital (jugular) para a recirculação no ciclo fechado.

Após a conclusão dos trabalhos de lavagem do electroflotador de duas câmaras e a saída de toda a linfa de drenagem restante, é fornecido o tubo de derivação com a grua-9. A grua, durante o processo de trabalho do electroflotador de duas câmaras, está fechada.

Os ***15*** doentes com cirrose hepática foram testados na base do ***Republic Clinical Oncological Dispensary (RCOD, Dushanbe, Tajiquistão)*** [27].

Os testes foram realizados no electroflotador médico de duas câmaras desenvolvido, de ação contínua para recirculação no contorno bloqueado (Figura 25), no regime discreto e descontínuo.

A linfa selecionada durante a drenagem através do ducto mamário canulado, contendo todos os microcomponentes tóxicos de elevada concentração e células cancerígenas, foi introduzida na primeira câmara do electroflotador médico de duas câmaras utilizando uma mangueira médica especial, onde foi limpa de todos os microcomponentes tóxicos de elevada concentração e células cancerígenas por flotação dos complexos resultantes de bolhas de hidrogénio + partículas microscópicas de componentes tóxicos da linfa e bolhas de hidrogénio + células cancerígenas.

A linfa limpa de produtos tóxicos com os restos de células cancerígenas não destruídas foi introduzida na segunda câmara do electroflotador médico de duas câmaras para destruir as células cancerígenas que permanecem na linfa e removê-las da linfa utilizando a solução anólito e a flotação de formação de complexos de bolhas de oxigénio de eletrólise + células cancerígenas mortas.

Após o processamento em duas câmaras do electroflotador médico de duas câmaras, a linfa limpa de produtos tóxicos e isenta de células cancerígenas foi retirada para um recipiente para análise.

A média dos resultados dos testes efectuados em quinze doentes com cirrose hepática é apresentada no quadro 6.

Tabela 6: *Resultados da purificação da linfa pelo electroflotador médico de duas câmaras desenvolvido (tempo do processo -15 segundos).*

Parâmetros	Bilirrubina, mcmol/l	Ureia, mcmol/l	Ácido úrico, mcmol/l	Fosfatase alcalina, unidade/l
Linfa inicial	250-300	69-79	500-550	330-360
Linfa limpa	5-10	5-7	250-300	50-100
Norma	3-17	2.8-7.2	210-420	30-120

A Tabela 6 mostra que, após a purificação da linfa pelo electroflotador médico de duas câmaras desenvolvido, de ação contínua para recirculação no esquema fechado, todas as concentrações aumentadas de microcomponentes da linfa dos doentes com cirrose hepática: bilirrubina, ureia, ácido úrico e fosfatase alcalina voltaram à forma padrão de concentrações de linfa normal de uma pessoa saudável, adequada para reinfusão na subclávia ou numa das veias da patente cubital (jugular) para a recirculação no ciclo fechado.

O tempo do processo é composto por apenas ***15*** segundos.

Os testes realizados para determinar a eficácia da utilização do electroflotador médico de duas câmaras desenvolvido para a destruição e remoção de células cancerosas mortas da linfa mostraram a elevada eficiência da utilização do electroflotador médico de duas câmaras para a destruição e remoção de células cancerosas mortas da linfa de doentes com cancro.

O electroflotador médico de duas câmaras de ação contínua desenvolvido é móvel e compacto, o que torna a sua utilização confortável para o paciente na vida quotidiana e permite, através de um método simples, rápido, economicamente vantajoso e inofensivo, substituir num curto espaço de tempo toda a linfa do paciente pela linfa de uma pessoa saudável, isenta de células cancerosas, em regime contínuo, por recirculação no contorno bloqueado.

1.4 A utilização de propriedades únicas controladas de bolhas de eletrólise de hidrogénio e oxigénio para a geração de gases de hidrogénio e oxigénio e o funcionamento ininterrupto do motor elétrico Car

Atualmente, o hidrogénio e o oxigénio puros são produzidos por vários métodos industriais, incluindo: reforma a vapor do metano e do gás natural; gaseificação do carvão; biotecnologia; eletrólise da água, etc.

O método mais eficaz para produzir hidrogénio e oxigénio puros é a utilização da fotoelectrólise de uma solução aquosa de eletrólito, que ocorre numa célula fotoelectroquímica.

No entanto, as células fotoelectroquímicas, utilizadas atualmente, perdem a maior parte da energia luminosa devido à elevada resistência do meio condutor entre os eléctrodos, localizados verticalmente, são caras e têm limitações materiais, o que reduz significativamente a sua eficiência.

O funcionamento de uma célula fotoelectroquímica com os eléctrodos, localizados verticalmente sob a ação da luz, é mostrado na Figura 26.

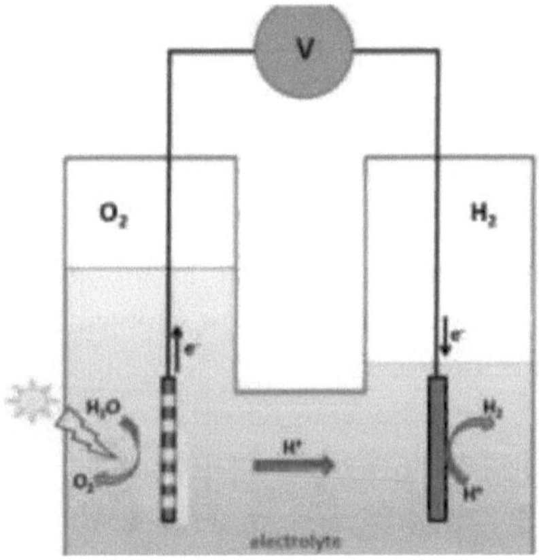

Figura 26: *O funcionamento de uma célula fotoelectroquímica sob a influência da luz*

O autor concebeu um tipo completamente novo de fotoelectrolisador, capaz não só de produzir separadamente hidrogénio e oxigénio puros a um preço inferior ao preço de mercado, mas também de realizar o reabastecimento contínuo da pilha de combustível para o funcionamento ininterrupto do motor do veículo elétrico num ciclo continuamente fechado: um tanque com água normal + fotoelectrolisador + formação de gases separados de hidrogénio e oxigénio + carregamento de células de combustível e funcionamento ininterrupto do motor do veículo elétrico a hidrogénio + água + um tanque de água normal.

A utilização da fotoelectrólise da água comum, alimentada por energia luminosa, para o funcionamento ininterrupto de um motor de veículo elétrico, carregando continuamente a célula de combustível do motor com hidrogénio e oxigénio, é produzida continuamente num fotoelectrolisador especialmente concebido, alimentado por energia luminosa

Numa camada de silício do ***tipo** N*, imersa em água comum, num fotoelectrolisador desenvolvido, sob a influência de quatro fotões de luz, quatro electrões são "eliminados" da camada semicondutora de silício ***do tipo** N*, deixando depois quatro "buracos", que, ficando vagos, "atraem" quatro electrões de quatro aniões hidroxilo $4OH^-$ de duas moléculas de água dissociada:

$4OH - 4e = 2H2O + o2$ f, (1.4.1)

formando duas moléculas de água e uma molécula de oxigénio, que flutuam a partir do ânodo da rede sob a forma de uma bolha de gás oxigénio e são removidas do fotoelectrolisador através de um tubo de saída de oxigénio separado para o cátodo de oxigénio de uma célula de combustível de um veículo elétrico.

Os restantes dois catiões de hidrogénio com carga positiva (H^+) da água dissociada, devido ao cátodo com carga negativa, deslocam-se até ele e, tendo-o atingido, devolvem-lhe dois electrões, neutralizando-se em dois átomos de hidrogénio separados, que, estando no estado livre, se combinam entre si, formando uma molécula gasosa de hidrogénio:

$2H+ + 2e- \wedge H2$ f, (1.4.2)

que na água assume a forma de uma bolha de hidrogénio gasoso de eletrólise, que flutua do cátodo sob a forma de uma bolha de hidrogénio gasoso e é removido do fotoelectrolisador através de um tubo de saída de hidrogénio separado para o ânodo de hidrogénio da célula de combustível para veículos eléctricos.

Para os electrões, "eliminados" de uma camada semicondutora de silício do ***tipo** N* com um ânodo de malha ligado, e dois electrões, devolvidos ao cátodo por dois catiões de hidrogénio, geram uma corrente eléctrica direta, dirigida do ânodo de malha para o cátodo, formando assim potenciais diferentes de um cátodo rico em electrões e de um ânodo de malha empobrecido em electrões.

Como resultado desta diferença de potencial, ocorre o processo de fotoelectrólise da água comum, gerando a formação e remoção de bolhas de gás de hidrogénio do cátodo e do fotoelectrolisador através de um tubo de saída de hidrogénio separado para o ânodo de hidrogénio da célula de combustível de um veículo elétrico, e a formação e remoção de bolhas de gás de oxigénio de um ânodo de malha e do fotoelectrolisador através de um tubo de saída de oxigénio separado para o cátodo de oxigénio da célula de combustível do veículo elétrico (Figura 27).

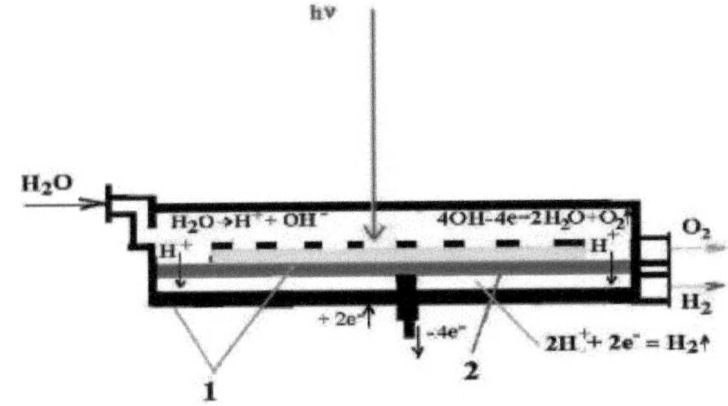

Figura 27: *Funcionamento contínuo do fotoelectrolisador desenvolvido, que gera e emite separadamente, através de bicos, hidrogénio e oxigénio*

A localização da base de eletrólise (1), do elemento principal do fotoelectrolisador desenvolvido, que inclui eléctrodos com uma membrana fina (2), localizada entre eles e um mecanismo especial para regular o intervalo entre eles, na parte inferior do fotoelectrolisador, em contraste com as células fotoelectroquímicas que existem atualmente, em que os eléctrodos se encontram na vertical, conduz a uma intensa libertação de oxigénio e hidrogénio sem a utilização de álcalis agressivos, materiais dispendiosos, a um preço baixo para a sua utilização no carregamento contínuo das células de combustível dos automóveis eléctricos para o arranque e manutenção do funcionamento ininterrupto do motor do automóvel elétrico.

A localização dos eléctrodos na direção vertical, como é o caso das células fotoelectroquímicas com uma solução electrolítica aquosa (figura 26), em contraste com a base de eletrólise, localizada no fundo do fotoelectrolisador desenvolvido, onde os eléctrodos estão localizados na direção horizontal, ocupando todo o fundo do fotoelectrolisador, reduz drasticamente a secção transversal quadrada e aumenta o comprimento da camada condutora entre os eléctrodos. A eficácia do trabalho da célula fotoelectroquímica ou do fotoelectrolisador é determinada pelo teor de gás do sistema gerador.

De acordo com a lei de Faraday, a massa do gás (***M***) que é libertada no elétrodo no tempo ***t*** é:

$$M = jigSt \qquad (1.4.3)$$

em que j - o equivalente eletroquímico do gás (para o hidrogénio ***j = 1,010***$^{-7}$ ***Kg/*** (***A's***); para o oxigénio ***j = 8,2910~***^{8} ***Kg/(A^ s)***); ***i*** - a densidade da corrente, ***A/m***^{2} ***; g = 90%, 95%*** - a saída de corrente (a relação entre a transferência real de massa de gás e a teórica calculada em termos percentuais); ***S*** - o quadrado da secção transversal da camada condutora entre os eléctrodos, *m2*.

Uma diminuição acentuada do quadrado da secção transversal e um aumento acentuado do comprimento da camada condutora entre os eléctrodos, de acordo com (1.4.3), conduz a uma diminuição acentuada da evolução gasosa do hidrogénio e do oxigénio na célula fotoelectroquímica, o que resulta numa diminuição acentuada da eficiência da célula fotoelectroquímica. Para compensar a diminuição da evolução gasosa do hidrogénio e do oxigénio numa solução electrolítica aquosa, é utilizado um eletrólito caro (por exemplo, ***NaOH)***, cuja concentração na solução é de ***40%o*** , o que leva a um aumento acentuado do consumo de eletricidade leve por uma célula fotoelectroquímica, atingindo de ***4,1*** a ***4,5 kWh*** */m3*.

Como foi estabelecido no subcapítulo 1.1, quanto maior for a diferença de potencial entre os eléctrodos, menor será a dimensão da bolha de hidrogénio da eletrólise que se desprende do cátodo, uma vez que quanto maior for a diferença de potencial entre os eléctrodos, maior será a força de desprendimento eletrostático da bolha de hidrogénio da eletrólise do cátodo, que actua entre o cátodo carregado negativamente e uma bolha de hidrogénio de eletrólise carregada negativamente, e mais rapidamente a bolha de hidrogénio de eletrólise se desprende desta superfície, o que leva a uma formação mais intensa de bolhas de hidrogénio de eletrólise do que de bolhas de oxigénio de eletrólise maiores, com a mesma tensão constante nos eléctrodos.

Assim, um aumento do potencial nos eléctrodos assegura a geração máxima intensiva de bolhas de hidrogénio microdispersas com carga negativa no cátodo e a aceleração adicional da flutuação destas bolhas devido à carga positiva do ânodo de malha, e a geração máxima intensiva de bolhas de oxigénio com carga positiva no ânodo de malha.

A localização dos eléctrodos na direção vertical não só reduz drasticamente o quadrado da secção transversal e o comprimento da camada condutora entre os eléctrodos, o que leva a uma diminuição acentuada da intensidade da formação de bolhas de hidrogénio e oxigénio da eletrólise, mas também impede o desprendimento livre das bolhas de hidrogénio e oxigénio da eletrólise formadas a partir do cátodo e do ânodo de malha e a remoção através dos bicos de hidrogénio e oxigénio, respetivamente, para o ânodo de hidrogénio e cátodo de oxigénio da célula de combustível do motor do carro elétrico.

As bolhas de hidrogénio da eletrólise microdispersas, formadas em toda a superfície horizontal do cátodo, desprendem-se da sua superfície, precipitam-se para cima e são removidas sob a forma de bolhas de hidrogénio gasoso do fotoelectrolisador ao longo do tubo de hidrogénio devido à força de Arquimedes que actua numa direção estritamente vertical em relação ao cátodo.

Nos eléctrodos posicionados verticalmente, as bolhas de hidrogénio resultantes da eletrólise que flutuam no início do cátodo formam, devido à força de Arquimedes que actua tangencialmente ao cátodo, um fluxo estreito de bolhas que impede o desprendimento do cátodo das bolhas vizinhas, que se seguem a partir do início do cátodo.

O fotoelectrolisador desenvolvido tem uma entrada de água, continuamente fornecida do tanque de água para a fotocélula, e dois tubos de saída separados para a saída de bolhas de gás oxigénio e gás hidrogénio para o cátodo de oxigénio e o ânodo de hidrogénio da célula de combustível do carro elétrico para iniciar e manter o funcionamento ininterrupto do motor do carro elétrico (Figura 27).

O elemento principal do fotoelectrolisador desenvolvido é a base de eletrólise, feita sob a forma de uma forquilha e equipada com um mecanismo especial, feito de material não condutor, que permite ajustar facilmente a distância interelectrodos. Acima do cátodo de grafite queimado encontra-se um semicondutor de silício com um ânodo de malha anexado, que gera bolhas de oxigénio de eletrólise, resultantes da divisão de uma molécula de água em dois catiões de hidrogénio e metade de uma molécula de oxigénio sob a ação de dois fotões de luz sobre um semicondutor de silício com um ânodo de malha anexado e uma molécula de oxigénio, formada como resultado do processo de fotoelectrólise, causado por esta ação, e um dispositivo especialmente concebido que permite ajustar facilmente o tamanho do intervalo entre os eléctrodos, localizado nas extremidades do cátodo.

O cátodo está instalado em toda a superfície do fundo do fotoelectrolisador. Entre o semicondutor de silício com um ânodo de malha anexado e o cátodo, existe uma membrana, feita do material de uma mangueira de incêndio 2, que impede a penetração das bolhas de oxigénio formadas e quatro aniões OH^- , formados como resultado do processo de fotoelectrólise, na região próxima do cátodo e assegura a penetração de catiões de hidrogénio no cátodo para a formação intensiva de hidrogénio de bolhas de eletrólise microdispersas.

O fotoelectrolisador é alimentado continuamente com água normal.

As bolhas de gás de oxigénio e hidrogénio resultantes são removidas do fotoelectrolisador através de um tubo de oxigénio separado para o cátodo de oxigénio da célula de combustível do veículo elétrico e através de um tubo de hidrogénio separado para o ânodo de hidrogénio da célula de combustível do veículo elétrico.

Os gases resultantes introduzem separadamente o hidrogénio no elétrodo poroso de hidrogénio (ânodo) e o oxigénio no elétrodo poroso de oxigénio (cátodo) da célula de combustível do veículo elétrico (Figura 28).

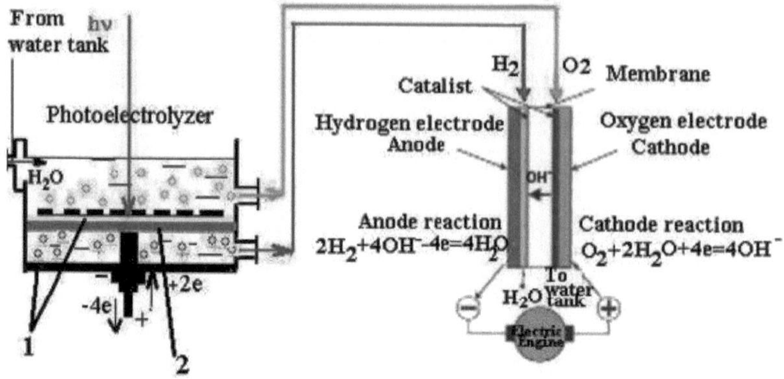

Figura 28: *Ciclo completo de formação de oxigénio e hidrogénio no fotoelectrolisador por fotoelectrólise de água normal continuamente proveniente do reservatório; carregamento contínuo da célula de combustível com o oxigénio e hidrogénio gerados e retorno do vapor de água libertado ao reservatório com água normal*

Numa célula de combustível para automóveis eléctricos, o ânodo e o cátodo estão separados por uma membrana. Cada um dos eléctrodos é coberto por uma camada de catalisador.

Como resultado, são libertadas quatro partículas de carga positiva no cátodo de oxigénio devido à reação de uma molécula de oxigénio com duas moléculas de água, criando um potencial positivo num dos contactos do motor (no cátodo de oxigénio) e quatro aniões OH^- , que reagem com duas moléculas de hidrogénio no elétrodo de hidrogénio, perdendo quatro electrões, criando um potencial negativo no outro dos contactos do motor (no elétrodo de hidrogénio), formando quatro moléculas de água (vapor de água), que regressam ao depósito com água comum, completando o ciclo completo: tanque com água comum + fotoelectrolisador: formação dos gases hidrogénio e oxigénio no processo de fotoelectrólise + carregamento da pilha de combustível e funcionamento ininterrupto do motor do carro elétrico + vapor de água + tanque de água comum:

$$2H_2 + 4OH^- - 4e \rightarrow 4H_2O^- \rightarrow O_2 + 2H_2O + 4e \rightarrow 4OH^- \qquad (1.4.4)$$

Assim, o motor do automóvel elétrico arranca e funciona com uma célula de combustível constantemente carregada, que não necessita de ser recarregada

1.5 Modelo teórico da eletrólise da água, utilizando a energia solar

Todos os dispositivos desenvolvidos no processo de eletrólise acima referidos utilizam a energia solar proveniente de um painel solar ou de um fotoelectrolisador como fonte de energia, pelo que o autor desenvolveu o mecanismo molecular de conversão da energia solar proveniente de um painel solar ou de um fotoelectrolisador em energia proveniente da eletrólise da água num electroflotador ou num fotoelectrolisador.

O painel solar gera uma corrente contínua que, ao passar pela água, cria um processo de eletrólise da água no electroflotador.

O painel solar [28 - 30] tem muitas camadas: um vidro protetor temperado simples, uma camada antirreflexo pulverizada, uma camada de um módulo de fotocélulas solares, feito de células solares, uma camada de EVA, uma camada isolante e um bloco de ligações que ajudam a recolher o número máximo de fotões de luz solar no painel (Figura 29).

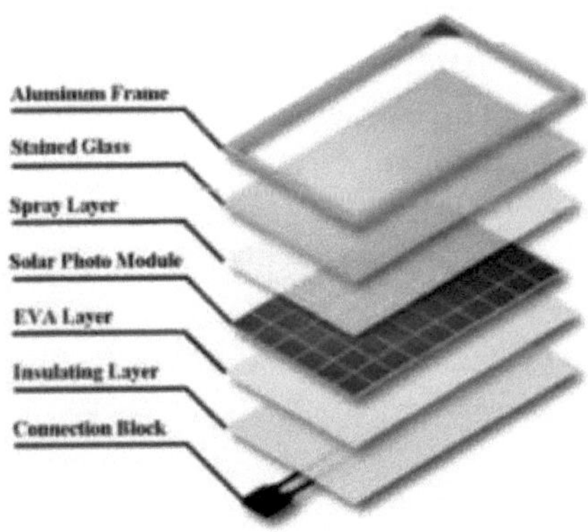

Figura 29. *Estrutura do painel solar*

O painel solar funciona com base num módulo fotográfico solar especial, incluindo células solares que captam a energia solar e a convertem em corrente eléctrica com a ajuda de dispositivos semicondutores.

O semicondutor mais utilizado é o silício, que tem quatro electrões na sua camada exterior (Figura 30).

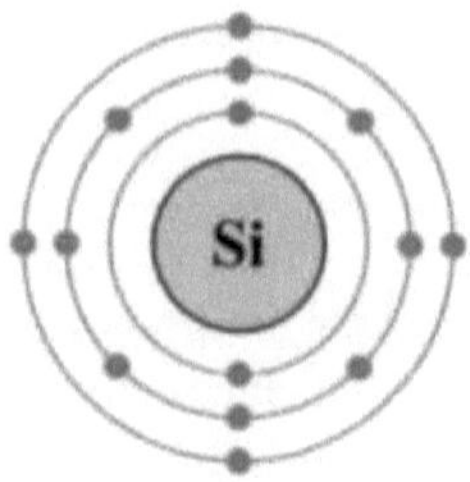

Figura 30. *A estrutura do átomo de silício*

Na prática, o silício dopado é mais frequentemente utilizado, utilizando aditivos especiais.

Normalmente, estes aditivos são dois tipos de átomos - fósforo ou boro - devido à sua estrutura eletrónica: o fósforo tem cinco electrões na órbita exterior e o boro tem três.

Portanto, o silício, dopado com fósforo, que tem quatro electrões na órbita exterior, quando combinado com o fósforo, adquire mais cinco electrões e, assim, haverá nove electrões na órbita exterior conjunta do silício e do fósforo e, portanto, um eletrão desemparelhado será supérfluo, uma vez que o número total deverá ser de oito electrões na órbita exterior conjunta do silício e do boro.

A exposição desse silício dopado com fósforo à energia solar faz com que esse eletrão extra seja retirado, ficando livre para se deslocar por todo o semicondutor, chamado semicondutor ***de tipo N*** (negativo).

No silício, dopado com boro, ocorre a situação inversa: apenas três electrões do boro se juntam aos quatro electrões do silício na órbita exterior comum com o boro, pelo que haverá sete em vez de oito electrões na órbita conjunta e, consequentemente, um espaço livre vago, denominado "buraco".

Estes semicondutores são designados por ***tipo P*** (positivo).

Quando estes dois tipos de silício dopado são adicionados, obtém-se uma ***junção de electrões e buracos P-N***, na qual os electrões em excesso do ***fósforo tipo N***, devido à sua proximidade dos "buracos", começam a combinar-se com os buracos do boro tipo P.

Como resultado, a região limite do ***tipo N***, devido ao facto de alguns dos electrões terem ido para a região ***do tipo P***, acaba por ser parcialmente carregada positivamente, enquanto a maioria dos electrões, eliminados pela energia solar, se movem livremente na região comum ***do tipo N.***

A região limite do ***tipo P é*** parcialmente carregada negativamente, enquanto a maioria dos buracos desocupados se move livremente na região comum do tipo P (Figura 31).

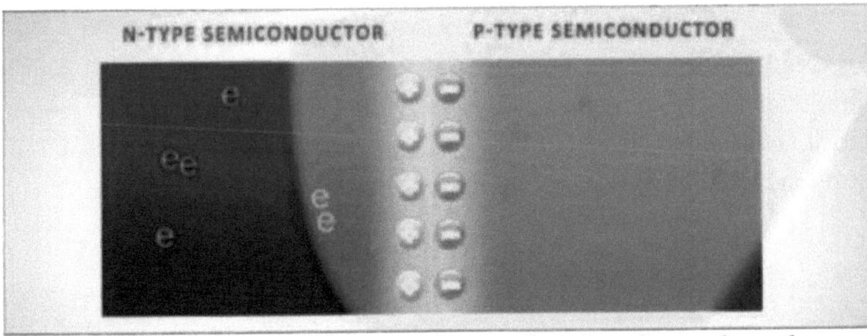

Figura 31. *A junção eletrão-buraco P-N e os electrões eliminados pela energia solar movem-se livremente na região comum do tipo N, e os buracos desocupados movem-se livremente na região comum do tipo P.*

Se os eléctrodos (cátodo e ânodo) estiverem ligados à camada exterior do tipo N e à camada exterior do ***tipo P que se*** lhe segue, aparecerão dois pólos de carga oposta nos eléctrodos: menos no cátodo e mais no ânodo, o que levará à criação de uma diferença de potencial.

Se os eléctrodos estiverem ligados a um circuito elétrico, cuja carga será um electroflotador com água, então uma corrente eléctrica constante fluirá através da água no electroflotador, no processo de eletrólise da água (Figura 32).

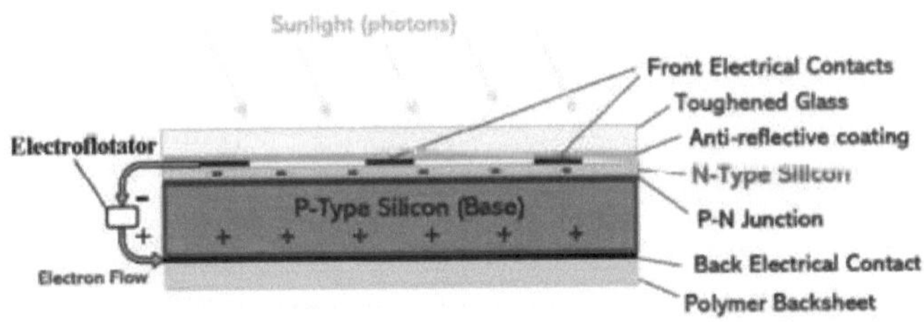

Figura 32. *Processo de eletrólise da água, ativado por célula solar sob o impacto da luz solar*

A célula fotoelectroquímica inclui um semicondutor de silício com um ânodo e um cátodo de malha acoplados, interligados por um circuito elétrico para o fluxo de uma corrente eléctrica direta (processo de eletrólise da água), gerada sob a ação da luz sobre o semicondutor de silício, imerso em água comum.

O silício é a base de um semicondutor de silício com um ânodo de rede ligado.

Numa camada de silício do ***tipo N*** [31 - 34], em resultado da ação da luz (quatro fotões de luz "eliminam" quatro electrões do semicondutor de silício, criando quatro "buracos" vazios no mesmo, "atraindo" quatro electrões de quatro aniões hidroxilo $\boldsymbol{4OH^-}$ de quatro moléculas de solução aquosa de eletrólito), forma-se um excesso de electrões com carga negativa, que, passando através do ânodo de malha ligado à camada de silício do ***tipo N***, ao longo do circuito elétrico até ao cátodo, fazem dele um pólo negativo, e o ânodo de malha ligado à camada de

silício ***do tipo*** *N*, cedendo electrões, torna-se o pólo positivo.
Se os eléctrodos estiverem ligados a um circuito elétrico, cuja carga será um electroflotador com uma solução aquosa de eletrólito, então uma corrente eléctrica constante fluirá através da solução aquosa de eletrólito no electroflotador, no processo de eletrólise da água (Figura 33).

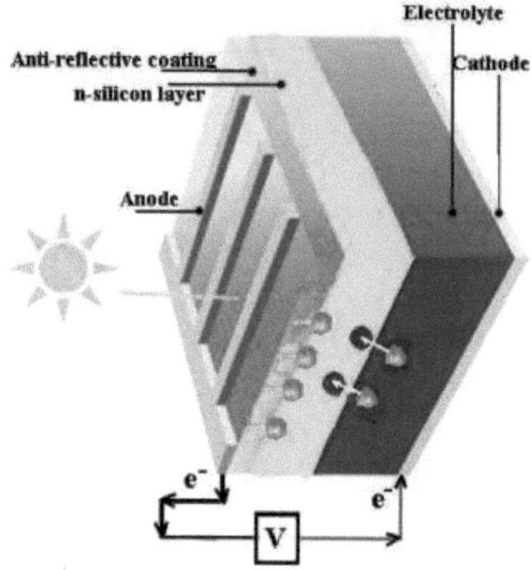

Figura 33: *Processo de eletrólise da água em célula fotoelectroquímica, ativado pelo ânodo de malha ligado à camada de silício* ***tipo*** *N sob o impacto da luz solar*

O funcionamento de uma célula fotoelectroquímica com eléctrodos, posicionados verticalmente e imersos numa solução aquosa de eletrólito, sob a ação da luz sobre a camada semicondutora de silício ***do tipo N*** com ânodo de malha anexa, é mostrado na Figura 34. O autor concebeu um tipo completamente novo de fotoelectrolisador, capaz não só de produzir separadamente hidrogénio e oxigénio puros a um preço inferior ao preço de mercado, mas também de efetuar o reabastecimento contínuo da pilha de combustível para o funcionamento ininterrupto do motor do veículo elétrico num ciclo continuamente fechado: um reservatório com água normal + fotoelectrolisador + formação de gases separados de hidrogénio e oxigénio + carregamento de pilhas de combustível e funcionamento ininterrupto do motor do veículo elétrico a hidrogénio + água + um reservatório de água normal.

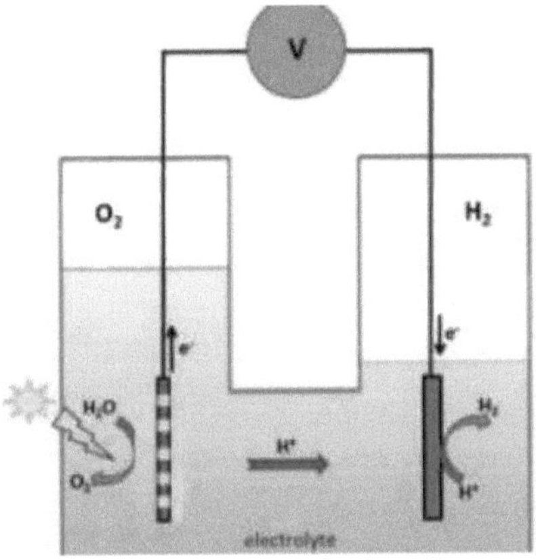

Figura 34: *Funcionamento de uma célula fotoelectroquímica com eléctrodos, posicionados verticalmente e imersos numa solução aquosa de eletrólito, sob a ação da luz sobre a camada semicondutora de silício* ***do tipo N*** *com ânodo de rede ligado*

A utilização da fotoelectrólise da água comum, alimentada por energia luminosa, para o funcionamento ininterrupto de um motor de veículo elétrico, carregando continuamente a célula de combustível do motor com hidrogénio e oxigénio, é produzida continuamente num fotoelectrolisador especialmente concebido, alimentado por energia luminosa

Numa camada de silício do ***tipo N***, imersa em água comum, num fotoelectrolisador desenvolvido, sob a influência de quatro fotões de luz, quatro electrões são "eliminados" da camada semicondutora de silício ***do tipo N***, deixando depois quatro "buracos", que, ficando vagos, "atraem" quatro electrões de quatro aniões hidroxilo $4OH^-$ de duas moléculas de água dissociada:

$$4OH^- - 4e = 2H_2O + O_2 \uparrow, \qquad (1.5.1)$$

formando duas moléculas de água e uma molécula de oxigénio, que flutuam a partir do ânodo da rede sob a forma de uma bolha de gás oxigénio e são removidas do fotoelectrolisador através de um tubo de saída de oxigénio separado para o cátodo de oxigénio de uma célula de combustível de um veículo elétrico.

Os restantes dois catiões de hidrogénio com carga positiva (H^+) da água dissociada, devido ao cátodo com carga negativa, deslocam-se até ele e, tendo-o atingido, devolvem-lhe dois electrões, neutralizando-se em dois átomos de hidrogénio separados, que, estando no estado livre, se combinam entre si, formando uma molécula gasosa de hidrogénio:

$$2H^+ + 2e- \rightarrow H_2 \uparrow, \qquad (1.5.2)$$

que na água assume a forma de uma bolha de hidrogénio gasoso de eletrólise, que flutua do cátodo sob a forma de uma bolha de hidrogénio gasoso e é removido do fotoelectrolisador através de um tubo de saída de hidrogénio separado para o ânodo de hidrogénio da célula de combustível para veículos eléctricos.

Para os electrões, "eliminados" de uma camada semicondutora de silício do ***tipo N*** com um ânodo de malha ligado, e dois electrões, devolvidos ao cátodo por dois catiões de hidrogénio, geram uma corrente eléctrica direta, dirigida do ânodo de malha para o cátodo, formando assim potenciais diferentes de um cátodo rico em electrões e de um ânodo de malha empobrecido em electrões.

Como resultado desta diferença de potencial, ocorre o processo de fotoelectrólise da água comum, gerando a formação e remoção de bolhas de gás de hidrogénio do cátodo e do fotoelectrolisador através de um tubo de saída de hidrogénio separado para o ânodo de hidrogénio da célula de combustível de um veículo elétrico, e a formação e remoção de bolhas de gás de oxigénio de um ânodo de malha e do fotoelectrolisador através de um tubo de saída de oxigénio separado para o cátodo de oxigénio da célula de combustível do veículo elétrico (Figura 35).

hv

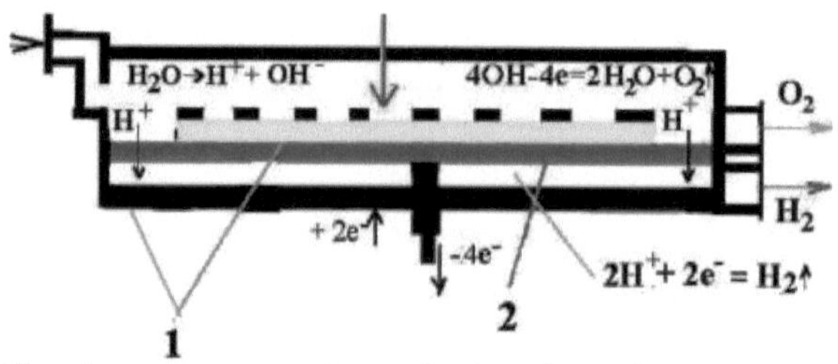

Figura 35: *Funcionamento contínuo do fotoelectrolisador desenvolvido, que gera e emite separadamente, através de bicos, hidrogénio e oxigénio*

A localização da base de eletrólise (1), do elemento principal do fotoelectrolisador desenvolvido, que inclui eléctrodos com uma membrana fina (2), localizada entre eles e um mecanismo especial para regular o intervalo entre eles, na parte inferior do fotoelectrolisador, em contraste com as células fotoelectroquímicas que existem atualmente, em que os eléctrodos se encontram na vertical, conduz a uma intensa libertação de oxigénio e hidrogénio sem a utilização de álcalis agressivos, materiais dispendiosos, a um preço baixo para a sua utilização no carregamento contínuo de células de combustível de automóveis eléctricos para o arranque e manutenção do funcionamento ininterrupto do motor do automóvel elétrico.

CAPÍTULO 2

PROPRIEDADES ESPECIAIS DAS BOLHAS DE ELECTRÓLISE DE
HIDROGÉNIO E OXIGÉNIO PARA A CRIAÇÃO DE TECNOLOGIAS E SISTEMAS AVANÇADOS EM CONDIÇÕES DE MICROGRAVIDADE

2.1 Utilização das propriedades únicas e controladas das bolhas de eletrólise do hidrogénio e do oxigénio para a recuperação da água da urina dos astronautas, para a limpeza do combustível líquido e dos fluidos especiais contra a contaminação ou os micróbios e para a concentração de Chlorella no sistema de suporte de vida das naves espaciais em condições de voo espacial de longa duração

A limpeza do combustível líquido de contaminantes no depósito de combustível de um motor de foguetão e de fluidos especiais no sistema de suporte de vida das naves espaciais é uma tarefa muito importante e ao mesmo tempo responsável para as naves espaciais [35, 36].

Um papel igualmente importante é desempenhado pela purificação do combustível líquido de microrganismos que se multiplicam ativamente nos tanques dos motores de uma nave espacial com combustível líquido ou nos fluidos do sistema de suporte de vida de uma nave espacial automática, causando entupimento, mau funcionamento e corrosão nos tanques do sistema de suporte de vida, condutas e motores [37, 38].

Por outro lado, a concentração de células de ***Chlorella*** do seu ambiente natural durante o voo espacial permite que o concentrado resultante seja adicionado à dieta dos astronautas para o seu funcionamento normal a bordo da ISS (Estação Espacial Internacional) durante um longo período de tempo.

Apesar do aumento da segurança e da fiabilidade, dos requisitos de energia insignificantes para o funcionamento dos sistemas de suporte de vida baseados em consumíveis fornecidos a partir da Terra, estes últimos têm uma desvantagem significativa: a sua massa e dimensões aumentam em proporção direta com a duração do voo espacial e o número de membros da tripulação. Por conseguinte, hoje em dia, a bordo da nave espacial da Estação Espacial Internacional, é utilizado um sistema de suporte de vida que inclui: um sistema de regeneração de água a partir de condensados de humidade atmosférica, um sistema de regeneração de água a partir da urina, um fotobiogerador para remover o dióxido de carbono e enriquecer o oxigénio, utilizando a fotossíntese de células de microalgas ***Chlorella*** na atmosfera da cabina da nave espacial, permitindo o funcionamento da tripulação, utilizando recursos internos, durante um longo voo espacial [39].

Atualmente, o segmento russo da Estação Espacial Internacional utiliza uma instalação modernizada ***WRS-UM*** (***Water Recovery System - Urine Modernized***) [40], que funciona com base no seguinte princípio: o dispositivo contém uma série de estágios de vácuo - recipientes, aquecidos a uma temperatura do ponto de ebulição da urina, que rodam simultaneamente.

O líquido (urina aquecida) é projetado para a periferia sob a influência de forças centrífugas, e a mistura vapor-líquido é separada.

O vapor seco da primeira fase entra na segunda para uma limpeza mais fiável de pequenas gotas de urina, e assim por diante quatro vezes.

Como resultado, a água da urina é restituída até ***90%o***.

O sistema americano ***UPA*** (***Urine Processor Assembly***) [41], usado no segmento americano da ISS, é baseado no processo de destilação a vácuo num destilador centrífugo com uma superfície cilíndrica rotativa, num lado da qual a água evapora da urina e no outro o vapor condensa.

A diferença de temperatura para transferir o calor da condensação para a evaporação é criada pela compressão do vapor em um compressor de vapor, embutido no destilador. Deve-se notar que os sistemas modernos de recuperação de água de urina são baseados em um processo de destilação que consome muita energia, portanto um dos principais desafios do projeto é reduzir o consumo de energia da destilação.

A regeneração de água é a re-produção de água, que é um fator vital para o funcionamento normal dos astronautas na Estação Espacial Internacional (ISS).

Inicialmente, a água da ISS é fornecida a partir da Terra, o que era demasiado caro e, por conseguinte, limitado em peso.

É por isso que o próprio processo de regeneração reduz o custo das viagens espaciais e torna o sistema da ISS menos dependente dos serviços terrestres.

Atualmente, a purificação electrolítica da urina para a recuperação de água em contratantes especiais ou a eletrodiálise de membrana é utilizada para a recuperação de água da urina a bordo do ISS [39, 40].

Os métodos e dispositivos existentes para a recuperação de água da urina, para a limpeza de fluidos combustíveis e fluidos especiais de contaminantes ou micróbios e para a concentração de ***Chlorella*** do ambiente natural em microgravidade são dispendiosos e economicamente pouco vantajosos.

Um separador-concentrador desenvolvido para limpar o combustível líquido contaminado para o funcionamento do motor e os líquidos especiais, utilizados no sistema de suporte de vida de uma nave espacial, de impurezas nocivas ou micróbios em tanques com combustível líquido contaminado ou líquido especial, bem como para regenerar a água potável da urina, a fim de manter a água potável em condições de ausência de peso, utiliza em pormenor, teoricamente descrito e confirmado experimentalmente (subcapítulo 1.1), propriedades únicas, formadas durante o processo de eletrólise em condições de microgravidade, na malha catódica, situada na parede lateral vertical do separador cónico, bolhas de eletrólise microdispersas carregadas negativamente e bolhas de oxigénio de eletrólise carregadas positivamente na malha anódica, situada na outra parede lateral vertical do separador cónico: a carga da superfície das bolhas de eletrólise e a microdispersão das bolhas de hidrogénio da eletrólise e a intensidade da formação de bolhas de eletrólise, controladas por um aumento da tensão eléctrica nos eléctrodos.

Na ausência de peso, não existe a força de Arquimedes; o seu papel no contacto das bolhas de hidrogénio da eletrólise microdispersa com micropartículas tóxicas de poluição, micróbios, urina e células ***Chlorella*** e na criação de complexos estáveis é desempenhado pelas forças electrostáticas de atração que surgem entre as bolhas de hidrogénio da eletrólise microdispersa, carregadas negativamente, formadas na malha catódica, carregada negativamente, e a malha anódica, carregada positivamente, e entre as bolhas de oxigénio da eletrólise, carregadas positivamente, formadas na malha anódica, carregada positivamente, e a malha catódica, carregada negativamente.

Como resultado, numa solução aquosa em condições de microgravidade, as bolhas de hidrogénio da eletrólise microdispersas, após a sua formação, deslocam-se na direção horizontal para a malha do ânodo e as bolhas de oxigénio da eletrólise com carga positiva para a malha do cátodo.

À medida que se deslocam, as bolhas de hidrogénio da eletrólise microdispersas, carregadas negativamente, encontram no seu caminho micropartículas de poluição, micróbios, micropartículas tóxicas de urina na solução aquosa, com dimensões muito superiores ao tamanho da bolha de hidrogénio, induzem uma carga positiva na sua superfície e, devido à atração eletrostática resultante, bem como à ação das forças de tensão superficial, formam um complexo blindado negativamente (cobrindo toda a superfície da micropartícula com bolhas de hidrogénio da eletrólise microdispersas carregadas negativamente): bolhas de hidrogénio de eletrólise dispersas e carregadas negativamente + micropartícula de contaminantes, micróbio, micropartícula tóxica de urina (Figura 36).

No caso da célula de ***Chlorella,*** as bolhas de hidrogénio de eletrólise microdispersas, carregadas negativamente, encontram-se numa solução aquosa no seu caminho para a célula ***de Chlorella***, com dimensões muito maiores do que o tamanho da bolha de hidrogénio, são atraídas para a camada exterior positivamente carregada da bicamada fosfolipídica da membrana da célula ***de Chlorella*** e as bolhas de hidrogénio formam um complexo blindado negativamente: bolhas de hidrogénio de eletrólise microdispersas carregadas negativamente + célula ***de Chlorella*** (Figura 37).

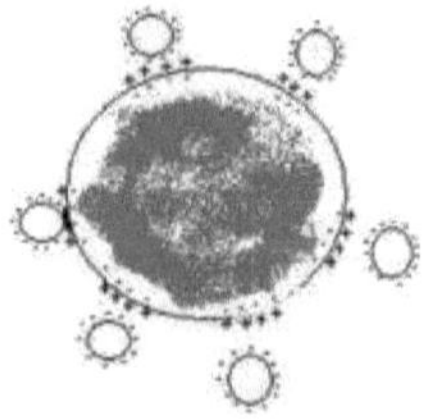

Figura 36: *A bolha de hidrogénio com carga negativa induz a carga positiva na superfície da micropartícula e fixa-se nela, dando origem a um ecrã negativo.*

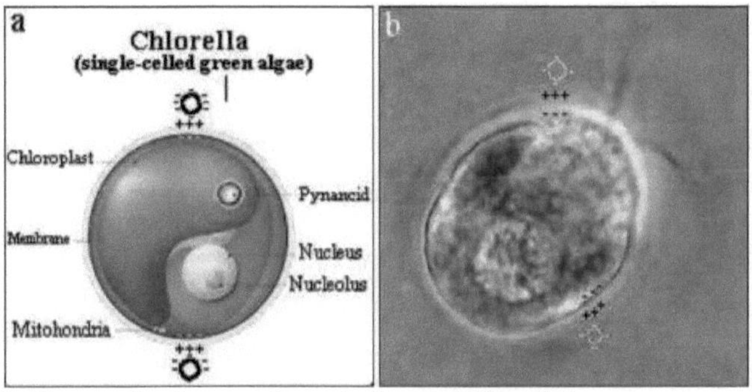

Figura 37: *Formação do complexo: bolha de hidrogénio com carga negativa + células* ***de Chlorella*** *(a) e* ***Dunaliella*** *(b) em microgravidade*

Os complexos negativamente carregados resultantes continuam o seu caminho até à malha anódica positivamente carregada e, tendo-a atingido, concentram-se ao longo de toda a sua área. A separação em diferentes receptores dos complexos formados no ânodo da malha: espuma de bolhas de hidrogénio e micropartículas sólidas de poluição, urina, micróbios, células ***de Chlorella*** e complexos no cátodo da malha: espuma de bolhas de oxigénio e água limpa, em condições de microgravidade, é realizada movendo estes dois tipos separados de complexos para diferentes cápsulas de recolha selectiva devido à utilização de uma forma cónica de separador-concentrador e cápsulas de recolha.

Em condições de ausência de peso, todo o líquido (dois tipos de complexos), contido no separador-concentrador cónico, está sujeito a uma força, dirigida de cima para baixo e igual a ***F* = *aL*** (***a*** é o coeficiente de tensão superficial) (Figura 38).

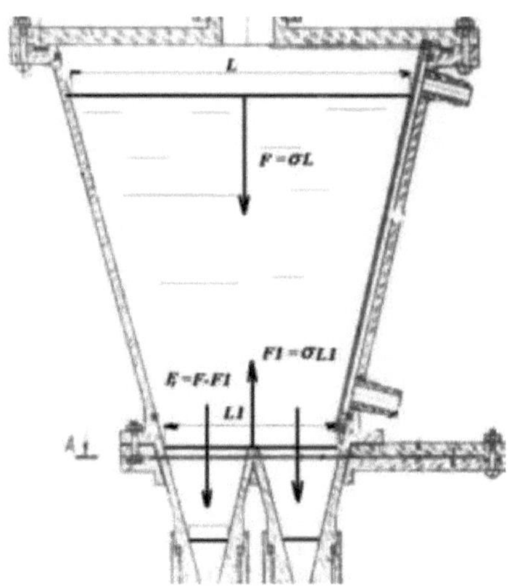

Figura 38: *Movimento de todo o líquido no separador-concentrador em microgravidade*

Uma força igual a ***F1*** = ***&L1*** actua de baixo para cima. Uma vez que ***L>L1,*** então ***F>F1,*** a força resultante *Fr* = ***F-F1*** será dirigida para baixo e, portanto, a espuma de bolhas de hidrogénio e micropartículas sólidas de poluição, urina, micróbios, células ***Chlorella*** e espuma de bolhas de oxigénio e água limpa ou combustível líquido limpo fluirão suavemente para diferentes cápsulas selectivas devido à forma cónica da câmara e das cápsulas colectoras.

Assim, em condições de microgravidade, uma das cápsulas de recolha (do lado do ânodo) será preenchida com espuma de bolhas de hidrogénio e micropartículas sólidas de poluição, urina, micróbios, células ***Chlorella***, e a outra cápsula de recolha (do lado do cátodo) será preenchida com espuma de bolhas de oxigénio e água limpa ou combustível líquido limpo.

Ao limpar as micropartículas sólidas de poluição, os micróbios, o combustível líquido purificado ou a água limpa actuam como o líquido purificado, e as micropartículas sólidas de poluição, urina, micróbios actuam como resíduos sólidos.

No caso das células de Chlorella, o resultado é um concentrado de espuma de alta qualidade de células ***de Chlorella*** que se multiplicam rapidamente, e o líquido purificado é uma solução nutritiva de ***Chlorella***. Ao restaurar a água da urina, o papel do líquido purificado é desempenhado pela água potável recuperada da urina, e o papel das micropartículas sólidas é desempenhado pelos componentes tóxicos da urina.

As figuras 39 e 40 mostram a conceção do separador-concentrador como um todo.

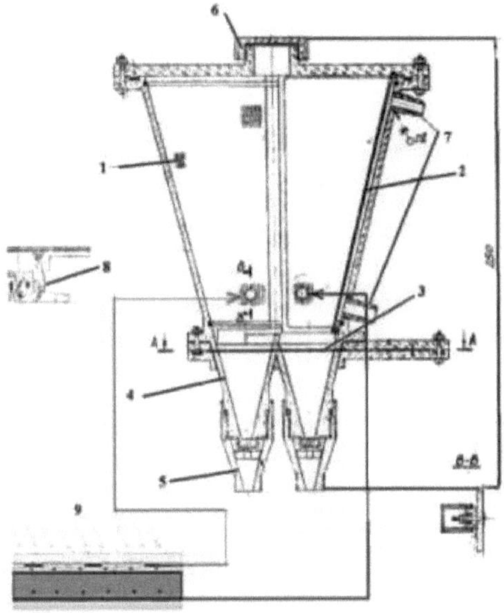

Figura 39: Separador concentrador

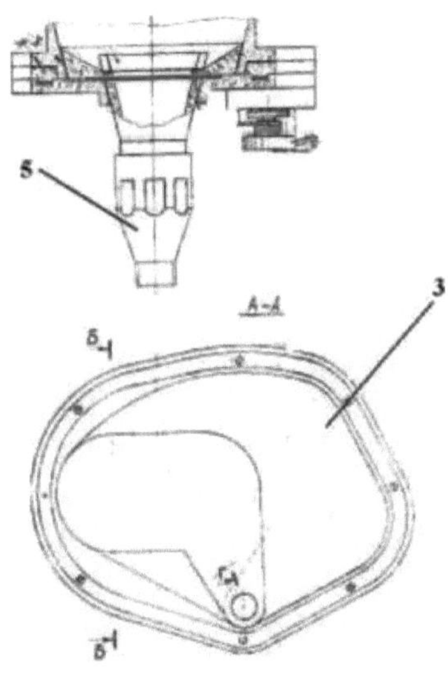

А Г

Figura 40: *Obturador com mecanismo de persiana*

Aqui, 1, 2 - eléctrodos de malha metálica; 3 - obturador com mecanismo de persianas; 4 - guindastes de saída seleccionados; 5 - cápsulas colectoras receptoras; 6 - tampa; 7 - tubos de derivação para lavagem do separador-concentrador após a conclusão do trabalho, 8 - libertação do obturador e 9 - painel solar.

O separador-concentrador de cone contém dois eléctrodos de malha metálica (1, 2); uma válvula com um mecanismo de obturador (3); válvulas de saída selectivas (4); cápsulas de coletor de receção (5); uma tampa (6), bocais para lavar o separador após a conclusão do trabalho (7) e abertura do obturador (8).

O painel solar (9) está ligado aos eléctrodos da malha (painel solar "-" ao cátodo - seta vermelha; painel solar "+" ao ânodo - seta azul).

A câmara de separação cónica é feita de vidro orgânico.

Os eléctrodos de malha metálica, feitos de material não corrosivo, são rigidamente fixados às paredes laterais do separador-concentrador, utilizando uma estrutura especial.

O mecanismo de desbloqueio do obturador e o obturador de latão estão situados por baixo da câmara e destinam-se a separar todo o líquido (dois tipos de complexos), contido na câmara cónica, das válvulas de exaustão selectivas e das cápsulas de recolha receptoras. As cápsulas colectoras de receção têm também uma forma cónica e servem para separar o combustível líquido purificado ou a água potável das partículas sólidas nocivas e dos micróbios ou microcomponentes sólidos tóxicos da urina.

O separador-concentrador funciona da seguinte forma.

O separador é previamente enchido com o meio adequado: combustível líquido ou água técnica especial com micropartículas de impurezas ou células microbianas ou urina. Neste caso, o obturador do separador (3) é fechado para separar todo o líquido (dois tipos de complexos) dos colectores-cápsulas receptores (5) devido ao sinal da fotocélula (cor escura do combustível líquido ou da água técnica especial com micropartículas de impurezas ou micróbios ou urina), localizada na parte inferior do cátodo da malha (no lado esquerdo da câmara do separador) para a unidade de controlo.

Quando uma tensão eléctrica na gama de ***26-36V*** é aplicada às grelhas de eléctrodos metálicos (1, 2) a partir do painel solar (9), localizado em espaço aberto, ocorre o processo de eletrólise do componente de água do combustível líquido, água técnica especial ou urina e a formação de bolhas de eletrólise microdispersas de hidrogénio com carga negativa na malha catódica (1) e bolhas de eletrólise de oxigénio com carga positiva na malha anódica (2).

As bolhas de hidrogénio da eletrólise microdispersas e carregadas negativamente começam a mover-se horizontalmente na componente água a partir da malha catódica carregada negativamente, onde se formaram, para a malha anódica carregada positivamente, devido à força de atração eletrostática que surge entre as bolhas de hidrogénio carregadas negativamente e a malha anódica carregada positivamente, e as bolhas de oxigénio da eletrólise carregadas positivamente começam a mover-se horizontalmente na água a partir da malha anódica carregada positivamente, onde se formaram, para a malha catódica carregada negativamente, devido à força de atração eletrostática que surge entre as bolhas de oxigénio carregadas positivamente e a malha catódica carregada negativamente em condições de ausência de peso, o que leva à purificação do combustível líquido ou da água técnica especial de impurezas e micróbios, e à regeneração da água potável a partir da urina.

Ao moverem-se horizontalmente na água de uma malha catódica carregada negativamente para uma malha anódica carregada positivamente, as bolhas de hidrogénio microdispersas carregadas negativamente, ao encontrarem micropartículas sólidas de resíduos, micróbios ou urina no seu caminho, induzem uma carga positiva nas suas superfícies e são fixadas nestas superfícies devido às forças de atração eletrostática e tensão superficial resultantes, o que leva à blindagem negativa das micropartículas de resíduos ou urina, ou seja, à formação de complexos estáveis: espuma de bolhas de hidrogénio microdispersas carregadas negativamente e micropartículas de resíduos, micróbios ou urina), que, devido à blindagem negativa das micropartículas de resíduos, micróbios ou urina, são deslocadas sob a influência da força de atração eletrostática da malha anódica carregada positivamente para a malha anódica, preenchendo toda a sua superfície com espuma de bolhas de hidrogénio microdispersas e micropartículas de resíduos, micróbios ou micropartículas tóxicas de urina.

O movimento horizontal das bolhas de oxigénio da eletrólise, carregadas positivamente, na água em condições de microgravidade, desde a malha anódica carregada positivamente, onde se formaram, até à malha catódica carregada negativamente, devido à força de atração eletrostática resultante entre as bolhas de oxigénio carregadas positivamente e a malha catódica carregada negativamente, leva a que toda a superfície do cátodo seja preenchida com espuma de bolhas de oxigénio da eletrólise e água limpa.

Assim, na câmara, a água é separada das inclusões sólidas de combustível líquido. água técnica especial ou urina: a água limpa é recolhida ao longo de toda a zona da malha catódica; a espuma com inclusões sólidas de combustível líquido, de água técnica especial ou urina é recolhida ao longo de toda a zona da malha anódica.

Quando a separação está completa: a água perto da fotocélula, situada na parte inferior do cátodo da rede (no lado esquerdo da câmara de separação), torna-se clara, a fotocélula envia um sinal à unidade de controlo e o obturador do separador (3) abre-se.

A separação final dos complexos, deslocados para a malha anódica: espuma de bolhas de hidrogénio e micropartículas sólidas de resíduos, micróbios ou micropartículas tóxicas de urina e líquido purificado, recolhido em toda a zona da malha catódica: combustível líquido puro, líquido técnico puro ou água potável em condições de microgravidade, é efectuada deslocando o líquido purificado e os complexos, dele separados, para várias cápsulas selectivas em condições de microgravidade, utilizando uma câmara separadora de forma cónica, gruas de saída seleccionadas e cápsulas de recolha.
O separador-concentrador desenvolvido é um novo tipo do bloco mais importante do sistema de suporte de vida dos astronautas numa nave espacial, permitindo a purificação de combustível líquido, a purificação de água suja técnica especial de impurezas sólidas nocivas e micróbios e a regeneração de água potável a partir da urina dos astronautas em microgravidade em quantidades suficientes para o consumo desta água pelos astronautas durante longos voos espaciais de forma rápida, económica (sem o consumo de energia eléctrica), em contraste com os métodos existentes.
Os testes de voo do separador-concentrador desenvolvido para a recuperação de água da urina dos astronautas, para a limpeza de combustível líquido e de fluidos técnicos especiais contra contaminação ou micróbios e para a concentração de ***Chlorella*** em condições de ausência de peso a curto prazo foram efectuados a bordo de um laboratório voador [42]. Os testes efectuados confirmaram a operacionalidade e a eficácia do separador-concentrador desenvolvido para a recuperação de água da urina dos astronautas, para a limpeza de combustível líquido e de fluidos especiais contra contaminação ou micróbios e para a concentração de ***Chlorella***.
A título de exemplo, os fotogramas (Figura 41) mostram o funcionamento do separador-concentrador em condições de ausência de peso de curta duração.

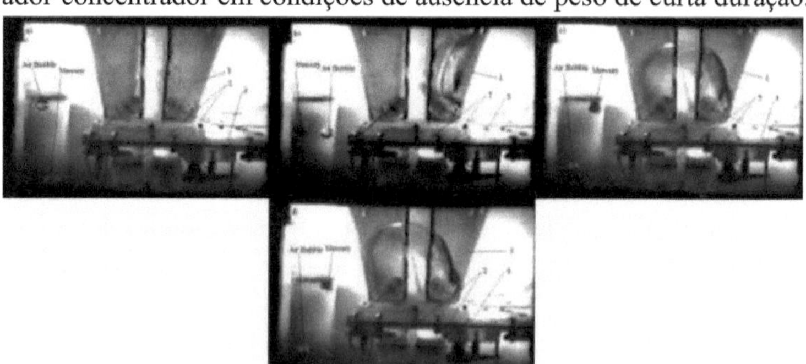

Figura 41. *As imagens das filmagens captam o funcionamento do separador em as condições de ausência de peso de curta duração.*

Na Figura 41: a, b, c e d - microgravidade no tempo; 1- câmara de separação com dois eléctrodos de malha metálica; 2 - cápsulas colectoras receptoras; 3 - obturador com mecanismo de obturação.

Assim, o separador-concentrador permite reciclar a água da urina dos astronautas, purificar o combustível líquido e os fluidos técnicos especiais de contaminantes e micróbios, obter um concentrado de espuma de alta qualidade de células de ***Chlorella de*** multiplicação rápida e, assim, complementar ao máximo a dieta da tripulação da nave espacial.

Parte deste concentrado de espuma é utilizada para reabastecer o fotobiorreactor espacial, a fim de obter biomassa suficiente para um voo espacial de longa duração.

Os ensaios de voo efectuados com o separador-concentrador desenvolvido para a recuperação de água da urina dos astronautas, para a limpeza de combustível líquido e de fluidos técnicos especiais contra a contaminação ou micróbios e para a concentração de ***Chlorella*** confirmaram a operacionalidade e a eficácia do separador-concentrador desenvolvido para a recuperação de água da urina dos astronautas, para a limpeza de combustível líquido e de fluidos especiais contra a contaminação ou micróbios e para a concentração de ***Chlorella*** em condições de ausência de peso a curto prazo.

2.2 Um novo método de carregamento contínuo de elementos de combustível para o sistema de alimentação eléctrica de naves espaciais em condições de voo espacial de longa duração

Qualquer controlo de voo de um veículo espacial depende da disponibilidade de eletricidade a bordo. A eletricidade a bordo do veículo espacial assegura o funcionamento de todos os seus instrumentos e equipamentos (motor, sistemas de controlo, complexo de instrumentos, aquecimento, etc.).

O sistema de alimentação eléctrica da nave espacial é vital para o voo espacial sem acidentes da nave e para a vida segura da sua tripulação.

Devido ao facto de a maioria das fontes de energia utilizadas a bordo das naves espaciais serem fontes de corrente contínua, a base principal do sistema de alimentação de energia das naves espaciais é um sistema que gera corrente eléctrica contínua.

Atualmente, o principal gerador de corrente eléctrica contínua dos veículos espaciais é um gerador que converte qualquer energia (química, luminosa, nuclear) em energia eléctrica em condições de voo espacial.

As três fontes seguintes são as que têm maior aplicação prática nas naves espaciais em voo espacial, convertendo a energia química diretamente em energia eléctrica com uma eficiência bastante elevada (cerca de ***70%***): células galvânicas, baterias e células de combustível, retiradas da Terra [43].

As mais práticas são as células de combustível que utilizam o hidrogénio e o oxigénio como "combustível e oxidante" [44, 45].

A célula de combustível consiste em dois eléctrodos porosos, separados por um eletrólito, e sistemas para fornecer combustível a um elétrodo e um oxidante ao outro, bem como sistemas para remover os produtos da reação.

A figura 42 mostra uma célula de combustível de eletrólito ácido em que o hidrogénio é fornecido através de um ânodo poroso e entra no eletrólito através

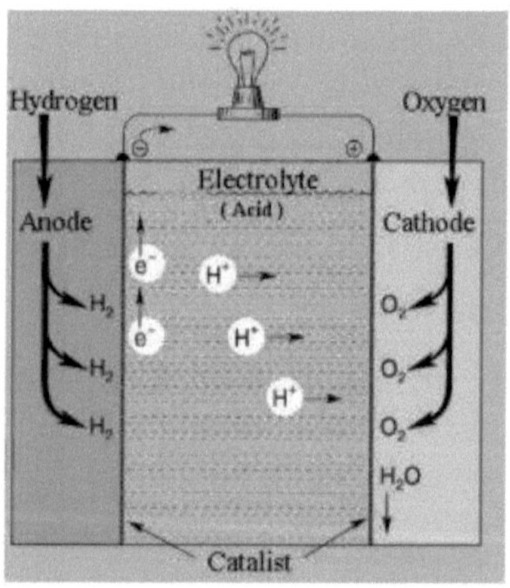

Figura 42: *A célula de combustível com eletrólito ácido*

de poros muito finos no material poroso do elétrodo.

Neste caso, a molécula de água ***H2O*** decompõe-se em dois átomos de ***H*** que, por quimissorção, doando cada um deles um eletrão ao circuito elétrico externo, se transformam em dois catiões de hidrogénio de carga positiva $2H^+$:

$$H_2 \leftrightarrow 2H \qquad (2.2.1)$$
$$2H = 2H^+ + 2e^- \qquad (2.2.2)$$

Dois catiões de hidrogénio $2H^+$ difundem-se através do eletrólito para o cátodo negativo da célula de combustível.

O oxigénio fornecido ao cátodo poroso sob a forma de uma molécula e meia de oxigénio $1/2O_2$ difunde-se no eletrólito, reagindo na superfície do cátodo com a participação de um catalisador com dois catiões de hidrogénio $2H^+$, tomando dois electrões do circuito elétrico externo, forma uma molécula de água H_2O:

$$1/2O_2 + 2H^+ + 2e^- \rightarrow H_2O \qquad (2.2.3)$$

Nas células de combustível com eletrólito alcalino (geralmente hidróxidos de sódio ou potássio concentrados) ocorrem reacções químicas semelhantes (Figura 43).

Uma molécula de hidrogénio penetra no ânodo poroso e, com a ajuda de um catalisador, reage com dois aniões hidroxilo ($2OH^-$), presentes no eletrólito hidroxilo, formando água e libertando dois electrões através do ânodo poroso para o circuito elétrico externo:

$$H_2 + 2OH^- \rightarrow 2H_2O + 2e^- \qquad (2.2.4)$$

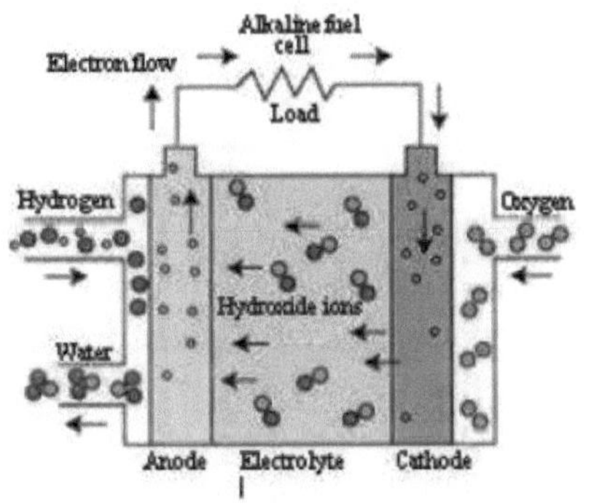

Figura 43: *Célula de combustível alcalina*

No cátodo, uma molécula e meia de oxigénio $1/2O_2$ reage com a água contida no eletrólito, recebe dois electrões do circuito externo e forma dois aniões hidroxilo ($2OH^-$), que participam na reação (2.2.4):

$$1/2O_2 + H_2O + 2e^- \rightarrow 2OH^- \qquad (2.2.5)$$

O fluxo de electrões e iões mantém o equilíbrio da carga e da matéria no eletrólito.

A água formada como resultado da reação dilui parcialmente o eletrólito.

Na célula de combustível, parte da energia da reação química é convertida em calor, e o fluxo de electrões resultante no circuito externo é uma fonte de corrente contínua utilizada pelos instrumentos e equipamento de bordo da nave espacial.

A maioria das reacções nas pilhas de combustível fornece uma força eletromotriz de *1 V*.

A abertura do circuito ou a interrupção do movimento de electrões e iões interrompe o funcionamento da pilha de combustível.

O processo que se desenrola numa pilha de combustível hidrogénio-oxigénio é, por natureza, o inverso do processo de eletrólise da água, no qual as moléculas de água, dissociadas em catiões hidrogénio e aniões hidroxilo, sob a ação de uma corrente eléctrica, ou seja, quando é aplicada uma tensão aos eléctrodos, formam bolhas microdispersas de hidrogénio eletrolítico com carga negativa no cátodo e bolhas de oxigénio eletrolítico com carga positiva no ânodo, que flutuam até à superfície livre da água e libertam gases hidrogénio e oxigénio.

Quando a célula de combustível está totalmente carregada, o carregamento da célula de combustível passa automaticamente para a carga de bordo através de um díodo controlado.

O reabastecimento constante da célula de combustível com hidrogénio e oxigénio gasosos leva à produção ininterrupta de energia eléctrica a bordo pela célula de combustível.

Teoricamente, as dimensões da célula de combustível podem ser arbitrariamente grandes.

No entanto, na prática, várias células são combinadas em pequenos módulos ou baterias, que são ligados em série ou em paralelo.

As vantagens das células de combustível em relação às baterias eléctricas são: o funcionamento das células de combustível até à utilização total do combustível (combustível e oxidante - hidrogénio e oxigénio), proveniente de uma fonte externa; o facto de a célula de combustível não necessitar de recarga durante o funcionamento.

Em condições de voo espacial, os gases hidrogénio e oxigénio são constantemente fornecidos às células de combustível a partir de tanques, cheios na Terra, com hidrogénio e oxigénio líquidos.

O subsistema de energia do módulo de serviço de uma nave espacial, como a "***Apollo***", é composto por dois tanques de hidrogénio, dois tanques de oxigénio e três células de combustível (Figura 44).

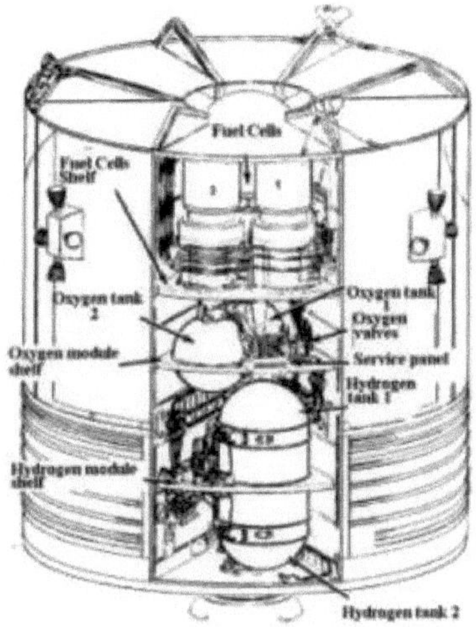

Figura 44: *Subsistema "energia" do módulo de serviço do veículo espacial*

As células de combustível consomem hidrogénio e oxigénio para produzir eletricidade e água. consumida pela tripulação para beber e arrefecer o equipamento.

O tanque de oxigénio do Módulo de Serviço Apollo é mostrado na Figura 45.

O oxigénio líquido é armazenado num tanque como um fluido supercrítico e, por conseguinte, apresenta as propriedades de um líquido e de um gás.

À medida que o gás se expande, a temperatura diminui.

O isolamento térmico é tão bom que o oxigénio líquido perde as suas propriedades supercríticas quando arrefecido simplesmente por expansão a taxas normais de células de combustível.

Por conseguinte, é instalado um aquecedor especial para manter a temperatura e a pressão necessárias.

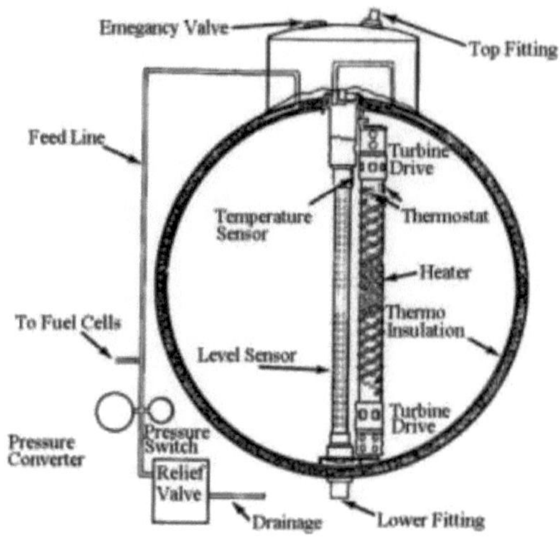

Figura 45: *O tanque de oxigénio do módulo de serviço da nave espacial "Apollo"*

Na ausência de gravidade, o oxigénio líquido no estado supercrítico é estratificado em camadas líquidas e gasosas, o que leva a leituras incorrectas do sensor de nível.

Isto exigiu a instalação de uma turbina especial de mistura de oxigénio, que permitiu à tripulação misturar adicionalmente o oxigénio nos tanques, a fim de obter dados correctos sobre a quantidade de oxigénio a bordo.

Tudo isto leva a um fornecimento dispendioso de tanques de oxigénio a bordo da nave espacial, complica muito o fornecimento limitado no tempo e inseguro de hidrogénio e oxigénio das células de combustível (um acidente durante o voo da ***Apollo 13***, [46]).

O autor desenvolveu um método e um separador-eletrolisador, alimentado por uma bateria solar, instalado no espaço exterior, para o fornecimento contínuo de hidrogénio e oxigénio às células de combustível das naves espaciais em condições de voo espacial, diretamente a partir de um separador-eletrolisador cónico especialmente concebido, que funciona com base na obtenção de misturas gás-líquido concentradas separadamente: bolhas de hidrogénio de eletrólise com carga negativa, formadas na zona anódica ao longo de todo o comprimento do ânodo, e bolhas de oxigénio de eletrólise com carga positiva, formadas na zona catódica ao longo de todo o comprimento do cátodo, durante a eletrólise da água devido à atração eletrostática de misturas com cargas diferentes e potenciais com cargas diferentes nas malhas anódica e catódica.

A forma cónica do separador-eletrolisador desenvolvido e as suas saídas em condições de ausência de peso permitem a descarga separada de duas misturas gás-líquido em diferentes ampolas, equipadas com separadores estáticos que geram separadamente hidrogénio e oxigénio em modo contínuo.

O método desenvolvido e o separador-eletrolisador permitem fornecer continuamente, de forma segura e económica, hidrogénio e oxigénio gasosos às células de combustível para o seu carregamento constante.

O módulo russo da Estação Espacial Internacional (***ISS***) está equipado com um sistema modernizado ***"Electron-VM"*** para a produção de gases de oxigénio e hidrogénio, baseado na eletrólise da água, contendo álcali líquido, com concentração aumentada (***80 ... 160 l / h***), o que torna possível fornecer gás oxigénio a até seis pessoas [47].

O sistema de geração de oxigénio ***"Electron-VM"*** (***OGS***) utiliza água recolhida de várias fontes no interior da ISS (por exemplo, urina dos astronautas, águas residuais técnicas e condensados) para produzir bolhas de gás de hidrogénio (H_2) e oxigénio (O_2) por eletrólise da água.

A figura 46 mostra um diagrama do processo de eletrólise, utilizado no sistema ***"Electron- VM" da OGS***, num dos vários electrolisadores de separação.

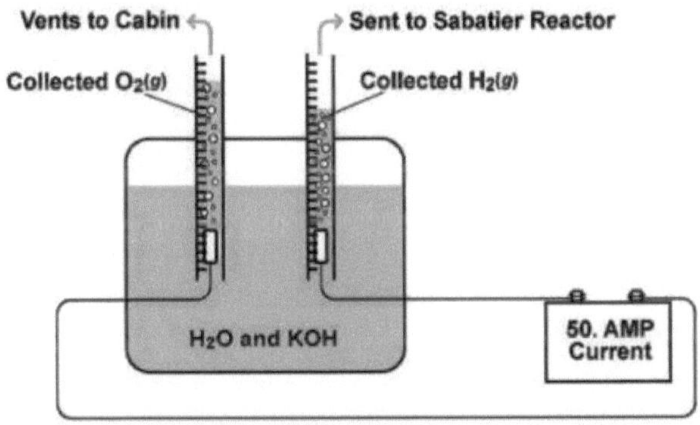

Figura 46: *Representação esquemática do processo de eletrólise utilizado no sistema OGS "Electron-VM" numa das múltiplas células electrolíticas*

O hidróxido de potássio (***KOH***) é utilizado como eletrólito, o que cria uma solução contendo ***30% de KOH*** com água.

Quando se passa corrente através de uma solução deste tipo, formam-se bolhas de gás de oxigénio e hidrogénio.

As bolhas de gás oxigénio e hidrogénio são vendidas através de separadores estáticos, formando gás oxigénio, que entra na atmosfera da ISS, e gás hidrogénio, que é introduzido no reator Sabatier, onde quatro moléculas de hidrogénio $4H_2$, formadas durante a eletrólise da água, e uma molécula de dióxido de carbono CO_2, formada pela respiração dos astronautas, reagem, formando duas moléculas de água e uma molécula de metano:

$$CO_2 + 4H_2 \rightarrow 2H_2O + CH_4 \qquad (2.2.6)$$

Por sua vez, a molécula de metano CH_4 aquecida é convertida num átomo de carbono ***C*** e em duas moléculas de hidrogénio $2H_2$:

$$CH4 \rightarrow C + 2H_2 \qquad (2.2.7)$$

A água regressa ao OGS, completando o ciclo de suporte de vida regenerativo da ISS, enquanto o metano é expelido para o espaço exterior.
O OGS da ISS consome cerca de ***23 litros*** de água por dia a uma corrente constante de ***50 A*** de cada célula do sistema OGS.
O oxigénio resultante satisfaz plenamente todos os requisitos do oxigénio utilizado na respiração humana.
O sistema de eletrólise da água do OGS também funciona no módulo de produção de oxigénio da ISS americana, entregue à ISS em 2008 [48-50].
Este sistema baseia-se em electrólitos de polímeros sólidos, o que constitui a sua vantagem; no entanto, requer um tratamento adicional da água.
Os eléctrodos do separador-eletrolisador do sistema OGS ***"Electron-VM"*** ou do sistema OGS, em funcionamento no módulo americano da ISS, têm uma área mínima para, segundo os criadores do sistema, "drenar" as bolhas de hidrogénio e de oxigénio dos eléctrodos na ausência da força de Arquimedes.
Por conseguinte, para formar bolhas electrolíticas de hidrogénio e oxigénio durante a eletrólise da água, adiciona-se à água um eletrólito alcalino (uma solução de ***KOH a 30%*** em massa) para aumentar a condutividade eléctrica da água e, consequentemente, aumentar a densidade da corrente (a corrente atinge ***50 A***), o que leva a um aumento da massa de gás que se escapa sob a forma de bolhas electrolíticas de hidrogénio e oxigénio.
A principal desvantagem deste método de obtenção de bolhas electrolíticas de hidrogénio e oxigénio em condições de ausência de peso é o enorme consumo de energia, a utilização de uma solução de ***KOH*** ou de electrólitos de polímeros sólidos, o que o torna economicamente não rentável, difícil de utilizar e inofensivo.
The previously described mechanism of the formation of negatively charged microdispersed electrolytic hydrogen bubbles and positively charged electrolytic oxygen bubbles during process of water electrolysis under microgravity conditions, confirmed experimentally, made it possible to establish the horizontal movement of negatively charged microdispersed electrolytic hydrogen bubbles in water from the cathode, onde se formaram, para o ânodo, devido à força de atração eletrostática que surge entre as bolhas de hidrogénio e o ânodo, bem como o movimento horizontal de bolhas de oxigénio eletrolítico

positivamente carregadas na água, do ânodo, onde se formaram, para o cátodo, devido à força de atração eletrostática que surge entre as bolhas de oxigénio e o cátodo [51]

Como resultado, forma-se uma mistura concentrada gás-líquido na zona anódica ao longo de todo o comprimento do ânodo: uma espuma de bolhas de hidrogénio microdispersas; ao longo de todo o comprimento do cátodo, forma-se uma mistura concentrada gás-líquido: espuma de bolhas de oxigénio.

Devido à forma cónica do separador-eletrolisador desenvolvido e às suas aberturas de saída, em condições de ausência de peso, é efectuada a descarga de separação de duas misturas gás-líquido em diferentes ampolas.

Estas duas ampolas diferentes, equipadas com separadores estáticos, permitem obter separadamente oxigénio e hidrogénio gasosos, "drenando" a espuma de bolhas finas de hidrogénio do ânodo e "drenando" a espuma de bolhas de oxigénio do cátodo, que são continuamente fornecidas às células de combustível durante o voo espacial na Estação Espacial Internacional.

Num separador especialmente concebido, o processo de eletrólise da água em condições de ausência de peso é realizado com a ajuda da energia eléctrica de um painel solar, localizado num espaço aberto.

Tal como em condições terrestres, o mecanismo de formação de bolhas de eletrólise carregadas de oxigénio e hidrogénio nos eléctrodos durante a eletrólise da água em condições de microgravidade é o seguinte

Em condições de ausência de peso, a água dissocia-se em catiões de hidrogénio H^+ e aniões de hidróxido OH^- :

$$H_2O \leftrightarrow H^+ + OH^- \qquad (2.2.8)$$

Quando a água é percorrida por uma corrente contínua, o catião hidrogénio H^+ aproxima-se do cátodo, retirando-lhe um eletrão, e quatro aniões hidroxilo OH^- aproximam-se do ânodo, devolvendo quatro electrões.

Como resultado, os átomos de hidrogénio neutro H, formados no cátodo, tornam-se instáveis e combinam-se no estado livre em pares da molécula de hidrogénio diatómico H_2 .

No ânodo formam-se duas moléculas de água e os átomos neutros de oxigénio O formados no estado livre tornam-se instáveis e combinam-se em pares da molécula diatómica de oxigénio o_2.

Assim, as bolhas de hidrogénio sairão no cátodo e as bolhas de oxigénio no ânodo.

A formação de bolhas de hidrogénio com carga negativa no cátodo e de bolhas de oxigénio com carga positiva durante a eletrólise da água em condições de ausência de peso ocorre da seguinte forma.

Uma molécula de hidrogénio em forma de bolha, formada no cátodo, é imersa numa nuvem de catiões de hidrogénio positivamente carregados H^+, que induz uma carga negativa na superfície exterior da bolha, enquanto a superfície interior da bolha fica positivamente carregada.

O potencial negativo do cátodo desloca as cargas negativas da superfície exterior da bolha para a parte superior da superfície da bolha, para a sua "cúpula", e atrai as cargas positivas da superfície interior da bolha, recolhendo-as na região próxima do cátodo (Figura 47, [22]).

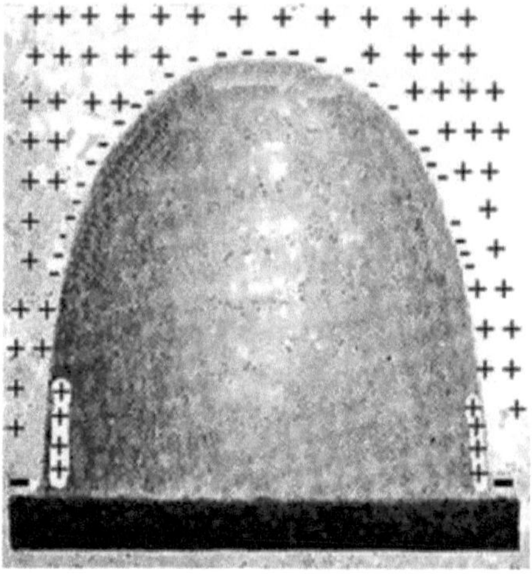

Figura 47: *Fotografia da bolha de hidrogénio com o ângulo de contacto de* ***0=97°*** *no cátodo (aumento em* ***x*** *7,5).*

Aqui, "+" - os catiões de hidrogénio $\mathbf{H^+}$, as cargas positivas do interior da superfície da bolha no cátodo; "-"- a carga do cátodo, as cargas externas negativas da superfície da bolha.

No momento da separação da bolha de hidrogénio do cátodo, a parte da bolha de hidrogénio perto do cátodo, carregada positivamente, permanece no cátodo, e a bolha de hidrogénio separada, com uma superfície carregada negativamente, separa-se e move-se na água em direção ao ânodo, carregado positivamente, devido à ação da força de atração de cargas opostas que surge.

A molécula de oxigénio, formada no ânodo sob a forma de uma bolha, está imersa numa nuvem de hidroxilos OH^- carregados negativamente, o que induz uma carga positiva na superfície exterior da bolha de oxigénio, enquanto a superfície interior da bolha de oxigénio estará carregada negativamente.

O potencial positivo do ânodo desloca as cargas positivas da superfície exterior da bolha de oxigénio para a parte superior da superfície da bolha de oxigénio, para a sua "cúpula", e atrai as cargas negativas da superfície interior da bolha de oxigénio, recolhendo-as na região do ânodo.

No momento da separação da bolha de oxigénio do ânodo, a parte da bolha perto do ânodo, carregada negativamente, permanece no ânodo, e a bolha de oxigénio separada, com uma superfície carregada positivamente, separa-se e move-se na água em direção ao cátodo, carregado negativamente, devido à ação da força de atração de cargas opostas.

Assim, as bolhas formadas nos eléctrodos estão sempre carregadas da mesma forma que o elétrodo, ou seja, as bolhas de hidrogénio adquirem uma carga negativa e as bolhas de oxigénio adquirem uma carga positiva.

Esta conclusão foi confirmada no decurso de testes efectuados a bordo do laboratório voador Il-76K.

A conclusão teórica acima referida, confirmada experimentalmente, sobre a carga positiva das bolhas electrolíticas de oxigénio e a carga negativa das bolhas electrolíticas de hidrogénio e o seu desprendimento dos eléctrodos em que estão fixadas na água, o movimento na água das bolhas electrolíticas de oxigénio carregadas positivamente para o cátodo e das bolhas electrolíticas de hidrogénio carregadas negativamente para o ânodo em condições de microgravidade, permitiu conceber um eletrolisador separador especial, capaz de efetuar, durante a eletrólise da água, o movimento horizontal de bolhas de hidrogénio eletrolítico negativamente carregadas na água, do cátodo, onde se formaram, para o ânodo, devido à força de atração eletrostática que surge entre as bolhas de hidrogénio e o ânodo, e o movimento horizontal de bolhas de oxigénio eletrolítico positivamente carregadas na água, do ânodo, onde se formaram, para o cátodo, devido à força de atração eletrostática que surge entre as bolhas e o cátodo.

Neste caso, forma-se na zona anódica, a todo o comprimento do ânodo, uma mistura concentrada gás-líquido: espuma de bolhas de hidrogénio; a todo o comprimento do cátodo, forma-se uma mistura concentrada gás-líquido: espuma de bolhas de oxigénio.

Ou seja, nas condições de microgravidade no separador concebido durante o processo de eletrólise da água, ocorre a separação das bolhas de eletrólise de hidrogénio e oxigénio. A forma cónica do separador-eletrolisador desenvolvido e as suas saídas permitiram, em condições de ausência de peso, efetuar a descarga separada de duas misturas gás-líquido em diferentes ampolas.

Estas duas ampolas diferentes, equipadas com separadores estáticos, permitem obter oxigénio e hidrogénio gasosos separadamente e fornecer continuamente hidrogénio e oxigénio gasosos às células de combustível durante o voo espacial na Estação Espacial Internacional. .

A descarga separada de duas misturas gás-líquido em ampolas diferentes em condições de microgravidade, devido à forma cónica do separador-eletrólito desenvolvido e das suas saídas, pode ser explicada da seguinte forma.

Em condições de microgravidade, a força resultante que actua sobre o meio aquoso, localizado na câmara cónica, é igual à diferença entre as forças de tensão superficial que actuam ao longo da base larga do cone, igual a ***F* = *aL*** (em que *G* é o coeficiente de tensão superficial) e dirigida de cima para baixo da câmara, e a força de tensão superficial que actua ao longo das bases largas das cápsulas cónicas receptoras, igual a ***F1* = *gL1*** e dirigida de baixo para cima da câmara, como se mostra na Figura 48.

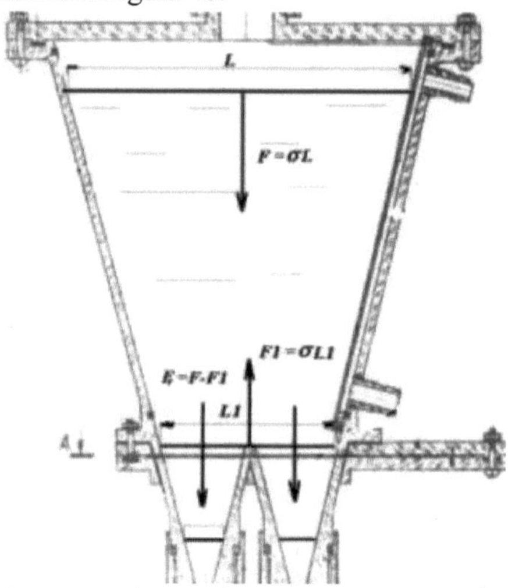

Figura 48: *Movimento do ambiente no separador-eletrolisador em microgravidade*

Uma vez que ***L>L1*, *F>F1*** e, portanto, a força resultante F_r = ***F-F1*** será dirigida para baixo e as misturas gás-líquido obtidas: espuma das bolhas de hidrogénio e espuma das bolhas de oxigénio fluirão suavemente para baixo em diferentes cápsulas seleccionadas O desenho do separador-eletrolisador desenvolvido tem o seguinte aspeto.

As Figuras 49, 50 e 51 mostram uma vista geral do separador-eletrolisador concebido (Figura 49), alimentado por um painel solar, localizado no espaço exterior, (10 - Figura 49), e duas cápsulas colectoras receptoras (5-Figura 49, 1-Figura 50, 51) e duas ampolas, equipadas com separadores estáticos (1, 2 - Figura 50, 51) para fornecer o oxigénio gasoso resultante (Figura 50) e o hidrogénio gasoso (Figura 51) à célula de combustível.

A figura 49 mostra o separador-eletrolisador cónico, que contém dois eléctrodos de rede metálica (1, 2); um obturador com um mecanismo de mola de fecho (3); dois guindastes cónicos de saída (4); duas cápsulas cónicas de receção do

coletor (5), equipadas com

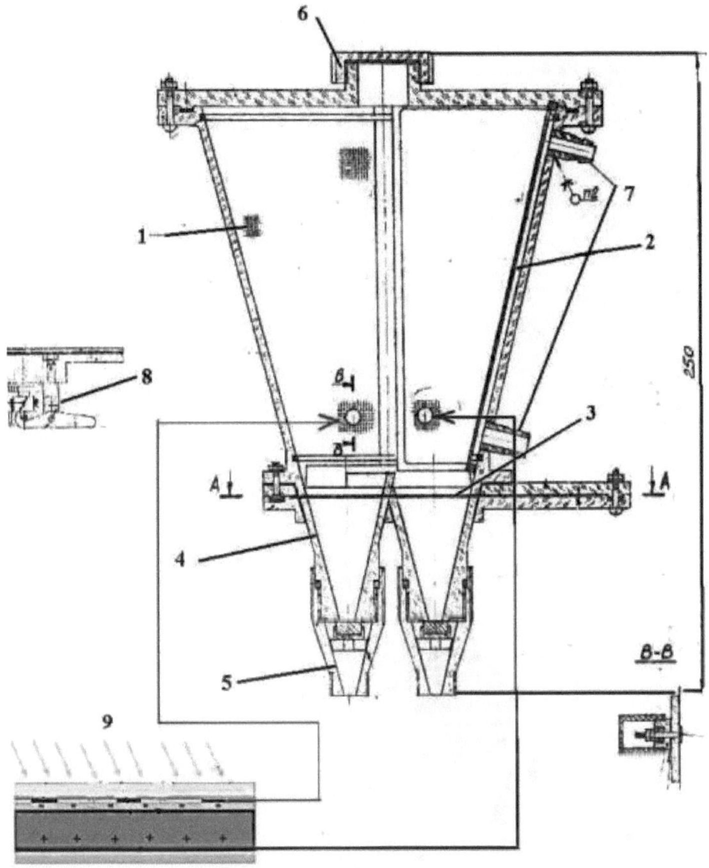

Figura 49: *Separador-eletrolisador desenvolvido*

1, 2 - eléctrodos de malha metálica; 3 - obturador com mecanismo de persianas; 4 - guindastes de saída seleccionados; 5 - cápsulas colectoras receptoras; 6 - tampa; 7 - tubos de derivação para lavagem do separador-eletrolisador após a conclusão do trabalho; 8 - mecanismo de disparo do obturador; 9 - painel solar.

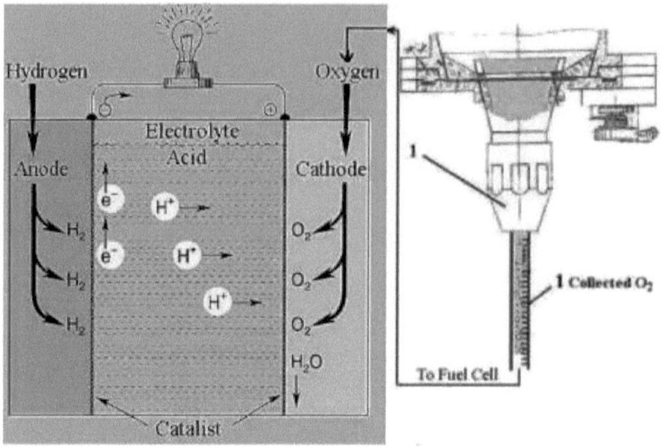

Figura 50: *Ampola de receção do coletor (1), equipada com um separador estático (1 recolheu* O_2*), que fornece o oxigénio resultante à célula de combustível.*

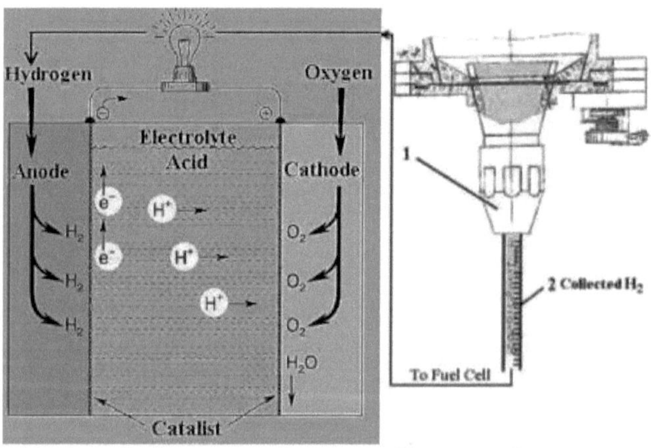

Figura 51: *Ampola de receção do coletor (1), equipada com um separador estático (2 recolheu* H_2*), que fornece o hidrogénio resultante à célula de combustível.*

separadores (1, 2 - Figura 50, 51) para obter e fornecer o oxigénio gasoso e o hidrogénio gasoso resultantes à célula de combustível; tampa do separador-eletrólito (6), que fecha o orifício através do qual entra água no separador-eletrólito durante o funcionamento contínuo do separador-eletrólito, tubos de saída para lavar o separador-eletrólito no final do trabalho (7) e um mecanismo de mola que fecha a aba (8).

A câmara cónica do separador-eletrolisador é feita de vidro orgânico.

Os eléctrodos de malha metálica, fabricados em material não corrosivo, são fixados rigidamente nas paredes do separador-eletrolisador, utilizando uma estrutura especial.

As grelhas e um obturador de latão estão localizados sob a câmara e são concebidos para fornecer as duas misturas gás-líquido separadas resultantes: espuma de bolhas de hidrogénio eletrolítico e espuma de bolhas de oxigénio eletrolítico em duas torneiras de saída cónicas diferentes e, em seguida, em duas cápsulas cónicas de saída diferentes e, finalmente, em duas ampolas diferentes, equipadas com separadores estáticos para a produção separada de hidrogénio e oxigénio gasosos e a sua introdução na célula de combustível (Figura 50, 51). O separador-eletrolisador desenvolvido funciona da seguinte forma.

A partir de cima, o separador-eletrolisador é preenchido com a recuperação de água potável a partir do condensado da humidade atmosférica ou da urina [49].

Ao mesmo tempo, fecha-se o obturador (3) do separador-eletrolisador, que separa o conteúdo da câmara - água dos colectores-cápsulas receptores (5).

Quando uma tensão eléctrica é aplicada a partir de um painel solar, localizado no espaço exterior, ao cátodo de malha metálica "-" (1), de cor vermelha, e ao ânodo de malha metálica "+" (2), de cor azul, ocorre a eletrólise da água dentro de ***26-36 V*** e a formação de bolhas de hidrogénio de eletrólise microdispersas com carga negativa e bolhas de oxigénio de eletrólise com carga positiva.

Devido à força de atração eletrostática que actua entre o cátodo da malha e as bolhas de oxigénio com carga positiva, formadas no ânodo, as bolhas de oxigénio deslocam-se horizontalmente em direção ao cátodo, formando uma mistura gás-líquido: bolhas de oxigénio espumosas em toda a superfície do cátodo da malha.

Devido à força de atração eletrostática que actua entre o ânodo da malha e as bolhas de hidrogénio com carga negativa, formadas no cátodo, as bolhas de hidrogénio deslocam-se horizontalmente em direção ao ânodo, formando uma mistura gás-líquido: bolhas de hidrogénio espumosas em toda a superfície do ânodo da malha.

Devido à forma cónica do separador-eletrolisador desenvolvido a partir da sua câmara sob o obturador aberto (3), separando o conteúdo da câmara - água com misturas gás-líquido dos diferentes guindastes de saída seleccionados de receção (4) e cápsulas de recolha (5), as misturas gás-líquido resultantes: espuma de bolhas de oxigénio e espuma de bolhas de hidrogénio fluirão suavemente para diferentes guindastes de saída seleccionados de receção e cápsulas de recolha.

Assim, em condições de microgravidade, um dos colectores-cápsulas receptores (do lado do ânodo) será preenchido com uma mistura gás-líquido: espuma de bolhas de hidrogénio e a outra cápsula (do lado do cátodo) será preenchida com espuma de bolhas de oxigénio.

Após a passagem das misturas gás-líquido: espuma de bolhas de hidrogénio e espuma de bolhas de oxigénio através de separadores estáticos, os gases de oxigénio e hidrogénio resultantes entram na célula de combustível da nave espacial para fornecer continuamente os gases de hidrogénio e oxigénio das células de combustível da nave espacial durante um longo voo espacial (Figura 50, 51).

Durante o funcionamento contínuo do separador-eletrolisador, a tampa da câmara está sempre aberta e o obturador é automaticamente fechado para encher a câmara com água e saturar completamente o cátodo e o ânodo de misturas separadas de gás-líquido durante a eletrólise.

No momento da saturação total, a fotocélula envia um sinal à unidade de controlo, com a ajuda do qual o obturador se abre automaticamente.

Depois de drenar toda a espuma de bolhas de oxigénio e a espuma de bolhas de hidrogénio contidas na câmara, a fotocélula envia um sinal à unidade de controlo, o obturador fecha-se e o processo repete-se várias vezes.

O teor de gás do sistema do separador-eletrolisador determina a eficácia do trabalho do separador-eletrolisador.

De acordo com a lei de Faraday, a massa do gás (***M***) que é libertada no elétrodo no processo de eletrólise no tempo ***t*** será:

$$M = jigSt \qquad (2.2.9)$$

em que j - o equivalente eletroquímico do gás (para o hidrogénio ***j = 1,010¯ Kg/*** (***A-s***); para o oxigénio j = ***8,2910~^{8} Kg/***(***A- s***)); ***i*** - a densidade da corrente, ***A/m^2*** ***; g = 90%, 95%*** - o rendimento da corrente (a relação entre a transferência de massa real do gás e a teórica calculada em termos percentuais); ***S*** - o quadrado do elétrodo, ***m^2*** , no qual são libertadas bolhas de hidrogénio ou de oxigénio.

A fórmula (2.2.9) mostra claramente que, com uma pequena área do elétrodo, na qual são libertadas bolhas durante o processo de eletrólise, a massa do gás libertado (bolhas de hidrogénio e oxigénio) é mínima.

A figura 46 mostra claramente que os eléctrodos do sistema OGS da célula de eletrólise "***Electron-VM***" têm um quadrado mínimo.

Os eléctrodos da célula de eletrólise do sistema OGS "***Electron-VM***" têm um quadrado mínimo com a finalidade, segundo a ideia dos criadores do sistema, de "drenar" as bolhas de hidrogénio e de oxigénio dos eléctrodos na ausência da força de Arquimedes.

Assim, para a libertação de gás, é adicionado à água um eletrólito alcalino (solução de ***KOH a 25%*** em massa) para aumentar a condutividade eléctrica da água e, consequentemente, aumentar a densidade de corrente ***i*** (a corrente atinge ***50 A***), o que leva a um aumento da massa de gás libertada (***M***).

O separador-eletrolisador desenvolvido utiliza a carga das bolhas de hidrogénio e de oxigénio libertadas electroliticamente e a ação das forças electrostáticas de repulsão e de atração do ânodo positivo e do cátodo negativo durante a eletrólise em condições de microgravidade para obter uma libertação maciça e intensiva de bolhas de gás eletrolítico de hidrogénio e de oxigénio e, por conseguinte, não requer a adição de eletrólito à água e o custo da energia solar a uma tensão nos eléctrodos da malha de ***23V*** e a uma corrente não superior a ***0,5 A*** é de ***11,5W***, ou seja, gratuita.

Os testes do separador-eletrolisador desenvolvido foram efectuados a bordo do laboratório voador Il-76K [42].

Os ensaios realizados demonstraram a fiabilidade do método desenvolvido e do separador-eletrolisador concebido, alimentado por um painel solar, para a obtenção contínua e separada de misturas gás-líquido: espuma de bolhas electrolíticas de oxigénio e espuma de bolhas electrolíticas de hidrogénio e, em conformidade com isto, para a obtenção contínua e separada de oxigénio gasoso e hidrogénio gasoso para o abastecimento contínuo de hidrogénio e células de combustível de naves espaciais em condições de voo espacial, de forma simples e económica, que pode ser utilizada para abastecer continuamente as células de combustível das naves espaciais com hidrogénio e oxigénio durante voos espaciais de longa duração.

Os quadros (Figura 52) mostram o funcionamento do separador-eletrolisador desenvolvido em condições de ausência de peso de curta duração.

Assim, o método desenvolvido e o eletrolisador separador concebido, alimentado por um painel solar, instalado em espaço aberto, para o fornecimento contínuo de hidrogénio e oxigénio gasosos às células de combustível das naves espaciais em condições de voo espacial de longa duração, permitem obter separadamente misturas concentradas gás-líquido no eletrolisador separador: a espuma de bolhas electrolíticas de hidrogénio, formada na zona anódica ao longo de todo o comprimento do ânodo; a espuma de bolhas electrolíticas de oxigénio, formada na zona próxima do cátodo ao longo de todo o comprimento do cátodo durante o processo de eletrólise da água, devido à atração eletrostática dos eléctrodos da rede e das bolhas electrolíticas de cargas opostas.

A forma cónica do separador-eletrolisador desenvolvido e a forma cónica da sua saída para receber válvulas de saída e cápsulas de recolha seleccionadas permitem, em condições de ausência de peso, efetuar a descarga separada de duas misturas gás-líquido em cápsulas de recolha diferentes, equipadas com separadores estáticos que geram hidrogénio

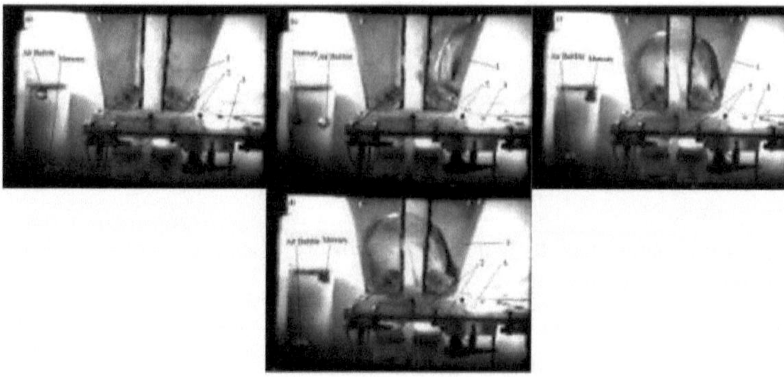

Figura 52: *As imagens das filmagens do funcionamento do separador-eletrolisador desenvolvido em condições de microgravidade.*
a, b, c e d - microgravidade no tempo; 1 - câmara com dois eléctrodos de malha metálica; 2 - cápsulas colectoras receptoras; 3 - obturador com mecanismo de persianas.

e oxigénio separadamente em modo contínuo, o que pode ser utilizado com êxito para abastecer continuamente, de forma segura e económica, as células de combustível com estes gases e gerar eletricidade estável a bordo de uma nave espacial durante um longo voo espacial.

2.3 Criação de novos tipos de sistemas de alimentação eléctrica e de suporte de vida para naves espaciais, alimentados por um painel solar

O funcionamento dos sistemas de alimentação de energia e de suporte de vida das naves espaciais baseia-se completamente em consumíveis, fornecidos a partir da Terra, cuja massa e dimensões aumentam em proporção direta com a duração da expedição espacial e o número de membros da tripulação.
Por conseguinte, hoje em dia é utilizado um sistema de alimentação a bordo de uma nave espacial que fornece energia eléctrica para o funcionamento de todo o equipamento de bordo (motor, controlo, comunicações e sistemas de aquecimento) através da geração de corrente eléctrica direta, utilizando um gerador, convertendo energia química em energia eléctrica, utilizando células de combustível, alimentadas por hidrogénio líquido supercrítico e oxigénio líquido,

fornecidos a partir da Terra. As células de combustível, que utilizam hidrogénio e oxigénio, retirados da Terra como "combustível e oxidante" [43-45], encontraram a maior aplicação prática em naves espaciais como a principal fonte de corrente contínua com uma eficiência bastante elevada.

A célula de combustível é constituída por dois eléctrodos porosos separados por um eletrólito e por sistemas de fornecimento de combustível a um elétrodo e de oxidante ao outro, bem como por sistemas de remoção dos produtos da reação.

A figura 53 mostra uma célula de combustível de eletrólito ácido em que o hidrogénio é fornecido através de um ânodo poroso e entra no eletrólito.

Neste caso, a molécula de hidrogénio $H2$ decompõe-se em dois átomos de H, que, em resultado da quimisorção, doando cada um deles um eletrão através de um ânodo poroso para o circuito elétrico externo, se transformam em dois catiões de hidrogénio com carga positiva ***2***

$$H_2 \leftrightarrow 2H \qquad (2.3.1)$$

$$2H = 2H^+ + 2e^- \qquad (2.3.2)$$

Dois catiões de hidrogénio $2H^+$ difundem-se através do eletrólito para o cátodo negativo da célula de combustível.

O oxigénio fornecido ao cátodo poroso sob a forma de uma molécula e meia de oxigénio $1/2O_2$ difunde se no eletrólito, reagindo na superfície do cátodo com a participação de um catalisador

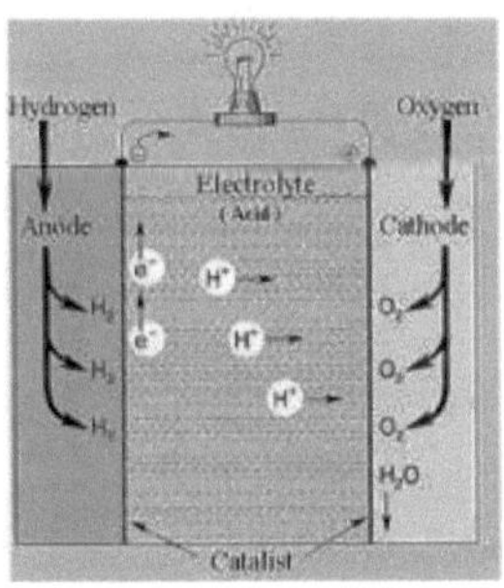

Figura 53: *A célula de combustível com eletrólito ácido*

com dois catiões de hidrogénio $2H^+$, recebendo dois electrões do circuito elétrico externo, forma uma molécula de água $H2O$:

$$1/2O_2 + 2H^+ + 2e^- \rightarrow H_2O \qquad (2.3.3)$$

O fluxo de electrões e iões mantém o equilíbrio da carga e da matéria no eletrólito.

A água formada como resultado da reação dilui parcialmente o eletrólito e reabastece parcialmente as reservas de água da nave espacial.

Numa célula de combustível, parte da energia de uma reação química é convertida em calor, e o fluxo de electrões resultante num circuito externo é uma fonte de corrente contínua, utilizada pelos instrumentos de bordo e pelo equipamento da nave espacial.

As pilhas de combustível fornecem uma força eletromotriz de ***1 V***.

A abertura do circuito ou a interrupção do fluxo de electrões e iões impede o funcionamento da célula de combustível.

Quando a célula de combustível está totalmente carregada, a carga da célula de combustível é automaticamente transferida para a carga de bordo através de um díodo controlado.

O reabastecimento constante da célula de combustível com gases de hidrogénio e oxigénio leva à produção ininterrupta de eletricidade a bordo pela célula de combustível.

Em condições de voo espacial, os gases hidrogénio e oxigénio devem ser constantemente fornecidos às células de combustível a partir dc tanques, cheios de hidrogénio líquido e oxigénio na Terra. O subsistema de energia do módulo de serviço da nave espacial Apollo consiste em dois tanques de hidrogénio, dois tanques de oxigénio e três células de combustível (Figura 54).

Em gravidade zero, o oxigénio líquido em estado supercrítico estratifica-se em camadas líquidas e gasosas, o que leva a leituras incorrectas do sensor de nível.

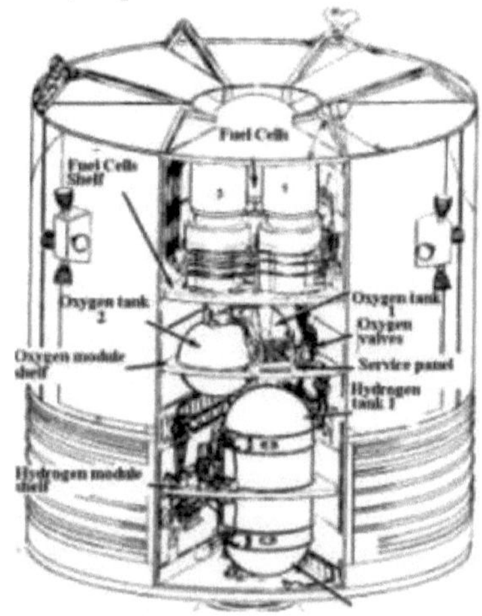

thdrogrrl r n nk 2

Figura 54: *Subsistema "energia" do módulo de serviço do veículo espacial*

Isto exigiu a instalação de uma turbina especial de mistura de oxigénio, que permitiu à tripulação misturar adicionalmente o oxigénio nos tanques, a fim de obter dados correctos sobre a quantidade de oxigénio a bordo.

Tudo isto leva a um fornecimento dispendioso de garrafas de oxigénio a bordo da nave espacial, o que complica significativamente o fornecimento de hidrogénio e oxigénio às células de combustível, limitado no tempo e inseguro

(acidente *da Apollo 13*, [46]).
O sistema de suporte de vida, utilizado atualmente numa nave espacial, inclui: um sistema de regeneração de água a partir de condensado de humidade atmosférica, um sistema de regeneração de água a partir da urina, um sistema de geração de oxigénio baseado no processo de eletrólise da água, um sistema de reciclagem de carbono Apesar da segurança e fiabilidade acrescidas, das necessidades energéticas insignificantes para o funcionamento dos sistemas de suporte de vida, baseados em consumíveis, fornecidos a partir da Terra, estes últimos têm um inconveniente significativo: o seu peso e dimensões aumentam em proporção direta com a duração da expedição espacial e o número de membros da tripulação.
Por conseguinte, hoje em dia, a bordo da nave espacial, a Estação Espacial Internacional, é utilizado um sistema de suporte de vida, incluindo: um sistema de regeneração de água a partir de condensados de humidade atmosférica, um sistema de regeneração de água a partir da urina, um sistema de geração de oxigénio e hidrogénio, baseado no processo de eletrólise da água, um fotobiogerador para a remoção de dióxido de carbono e um sistema de enriquecimento de oxigénio da atmosfera da cabina da nave espacial, unidades para a remoção de microimpurezas nocivas, permitindo que a tripulação funcione, utilizando recursos internos durante um longo voo espacial [39].
Atualmente, o segmento russo da Estação Espacial Internacional utiliza uma instalação modernizada ***WRS-UM*** (***Water Recovery System - Urine Modernized***) [6], que funciona com base no seguinte princípio: o dispositivo contém uma série de estágios de vácuo - recipientes, aquecidos à temperatura de ebulição da urina, que rodam simultaneamente. O líquido (urina aquecida) é lançado para a periferia sob a ação de forças centrífugas, e a mistura vapor-líquido é separada.
O vapor seco da primeira fase entra na segunda para uma limpeza mais fiável de pequenas gotas de urina, e assim por diante quatro vezes.
O resultado é a recuperação da água da urina até ***90%***.
O sistema americano UPA (Urine Processor Assembly) [40], utilizado no segmento americano da ISS, baseia-se no processo de destilação a vácuo num destilador centrífugo com uma superfície cilíndrica rotativa, num dos lados da qual a água se evapora da urina e no outro o vapor se condensa.
A diferença de temperatura para transferir o calor de condensação para a evaporação é criada pela compressão do vapor num compressor de vapor incorporado no destilador.
Assim, deve-se notar que os sistemas modernos de recuperação de água de urina são baseados em um processo de destilação que consome muita energia,

portanto um dos principais desafios do projeto é reduzir o consumo de energia da destilação.

Hoje em dia, na Estação Espacial Internacional (ISS), o módulo russo está equipado com um sistema melhorado "Electron-VM" para a produção de oxigénio e hidrogénio com base na eletrólise da água, contendo álcali líquido, com maior capacidade (***80 ... 160 l/h***), o que permite fornecer oxigénio a seis pessoas [41].

O SGO (Sistema de Geração de Oxigénio) da "Electron-VM" funciona, utilizando o processo de eletrólise num dos vários electrolisadores, como se pode ver na Figura 55.

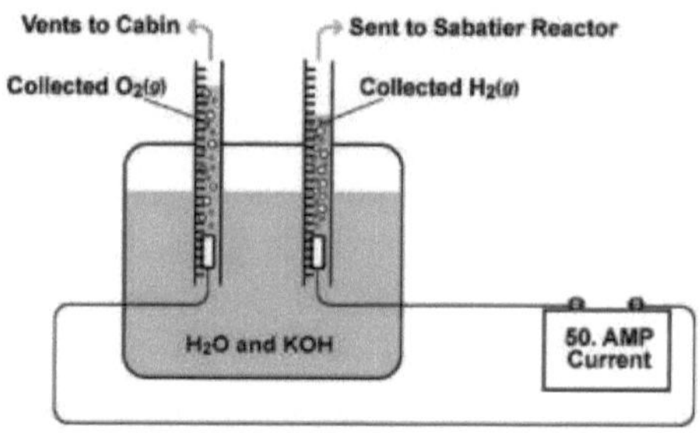

Figura 55; *Representação esquemática do processo de eletrólise, utilizado numa célula electrolítica.*

O hidróxido de potássio (***KOH***) é utilizado como eletrólito, criando uma solução com ***30% de KOH***. Quando uma solução é exposta à corrente durante a eletrólise de uma solução, o oxigénio e o hidrogénio são libertados sob a forma de bolhas de espuma de oxigénio e hidrogénio.

As bolhas de espuma de oxigénio e hidrogénio são libertadas através de separadores estáticos: o oxigénio é libertado para a atmosfera da ISS e o hidrogénio é fornecido ao reator Sabatier, no qual uma molécula de hidrogénio H_2 se combina com uma molécula de dióxido de carbono CO_2, libertado pelos astronautas durante o processo de respiração, para criar água e metano da seguinte forma:

$$CO_2 + 4H_2 \rightarrow 2H_2O + CH_4 \qquad (2.3.4)$$

O metano CH_4 é, por sua vez, convertido em carbono e hidrogénio da seguinte forma

$$CH_4 + heat \rightarrow C + 2H_2 \qquad (2.3.5)$$

A água é então devolvida ao ***OGS***, completando o ciclo regenerativo no sistema de suporte de vida da ISS, enquanto o metano é libertado para o espaço.

A figura 3 mostra claramente que os eléctrodos no eletrolisador do sistema ***OGS*** "***Electron-VM***" têm uma área mínima.

Os eléctrodos na célula de eletrólise do sistema ***OGS*** "***Electron-VM***" têm uma área mínima com o objetivo, tal como concebido pelos criadores do sistema, de "drenar" as bolhas de hidrogénio e oxigénio dos eléctrodos na ausência da força de Arquimedes.

Por conseguinte, para a evolução do gás, é adicionado à água um eletrólito alcalino (***25% em*** massa de solução ***de KOH***) para aumentar a condutividade eléctrica da água e, consequentemente, aumentar a densidade de corrente ***i*** (a corrente atinge ***50 A***), o que conduz a custos elevados de eletricidade e de materiais.

Assim, surge a tarefa de desenvolver novas tecnologias e de as utilizar no sistema de suporte de vida das naves espaciais para melhorar os sistemas existentes de geração de oxigénio e hidrogénio, regenerar a água a partir da humidade atmosférica condensada e da urina dos astronautas, remover microimpurezas nocivas e cultivar microalgas de multiplicação rápida na própria nave espacial durante um longo voo espacial [48].

O sistema de eletrólise da água OGS do módulo americano da ISS para a produção de oxigénio e hidrogénio, entregue à ISS em 2008 [52 - 54], funciona, ao contrário do sistema OGS do módulo russo "Electron-VM", com um eletrólito sólido.

A utilização de biomassa de microalgas resolve o problema da utilização de dióxido de carbono, formado durante a vida dos astronautas, reabastecendo a atmosfera da nave espacial com oxigénio e fornecendo alimentos aos astronautas [55].

O autor desenvolveu um separador [56], alimentado por um painel solar, situado no espaço exterior, testado durante ensaios de voo em condições de ausência de peso de curta duração, para purificar a água tecnicamente contaminada de sólidos ou micróbios nocivos num tanque com água tecnicamente contaminada, a fim de preservar a água potável numa nave espacial, utilizando bolhas de hidrogénio eletrolítico microdispersas com carga negativa e bolhas de oxigénio eletrolítico com carga positiva, formadas durante a eletrólise da água, e a influência sobre elas da força de atração eletrostática que surge entre eléctrodos com cargas diferentes (ânodo e cátodo) e bolhas de oxigénio eletrolítico com carga positiva e bolhas de hidrogénio eletrolítico microdispersas com carga negativa, em condições de microgravidade.

Um gerador de oxigénio e hidrogénio, desenvolvido pelo autor [57], alimentado por um painel solar, localizado no espaço exterior, permitindo a produção económica e simples de oxigénio e hidrogénio separadamente para o fornecimento a longo prazo da atmosfera da cabina da nave espacial com oxigénio e água potável; carregar continuamente as células de combustível da nave espacial com os gases hidrogénio e oxigénio resultantes para assegurar o fornecimento ininterrupto de eletricidade à nave espacial durante um longo voo, utilizando bolhas electrolíticas de hidrogénio microdispersas com carga negativa e bolhas electrolíticas de oxigénio com carga positiva, formadas durante a eletrólise da água, e a influência sobre elas da força de atração eletrostática que se exerce entre eléctrodos de carga diferente (ânodo e cátodo) e bolhas electrolíticas de oxigénio de carga positiva e bolhas electrolíticas de hidrogénio microdispersas de carga negativa, em condições de microgravidade.

O autor também desenvolveu um concentrador [58], alimentado por um painel solar, localizado no espaço exterior, que permite obter um concentrado de microalgas de reprodução rápida em condições de microgravidade para utilizar o dióxido de carbono libertado pelos astronautas e enriquecer a atmosfera da cabina da nave espacial com oxigénio através da fotossíntese da biomassa de microalgas no biogerador, e também adicionar o concentrado parcialmente obtido como aditivo alimentar de alto teor calórico à dieta da tripulação da nave espacial, reabastecer parcialmente o biogerador com um concentrado de microalgas de multiplicação rápida, a fim de obter uma quantidade suficiente de oxigénio, água e concentrado de biomassa de algas para o trabalho dos astronautas durante um longo voo espacial.

A obtenção de um concentrado de microalgas que se reproduzem rapidamente em condições de microgravidade num concentrador é realizada utilizando bolhas de hidrogénio eletrolítico microdispersas com carga negativa e bolhas de oxigénio eletrolítico com carga positiva, formadas durante a eletrólise da água, e a influência sobre elas da força de atração eletrostática que surge entre eléctrodos com cargas diferentes (ânodo e cátodo) e bolhas de oxigénio eletrolítico com carga positiva e bolhas de hidrogénio eletrolítico microdispersas com carga negativa, em condições de microgravidade.

O autor desenvolveu um novo tipo de sistemas de alimentação eléctrica e de suporte de vida para naves espaciais, alimentados por um painel solar, que inclui as novas tecnologias desenvolvidas um gerador de gás de oxigénio e hidrogénio, que permite produzir separadamente, de forma económica e fácil, oxigénio, hidrogénio e água potável para reabastecer a atmosfera e as reservas de água potável da cabina da nave espacial, carregar continuamente as células de combustível da nave espacial com hidrogénio e oxigénio, produzidos para a produção ininterrupta de eletricidade a bordo; um separador para a purificação de água suja técnica de impurezas sólidas nocivas e micróbios para obter água potável, regenerar água potável a partir da urina dos astronautas em gravidade zero em quantidades suficientes para o consumo desta água pelos astronautas durante voos espaciais de longa duração; um concentrador, ligado a um fotobiorreactor espacial que cultiva microalgas em condições de microgravidade, que contribui para a utilização do dióxido de carbono, libertado durante a respiração dos astronautas, e para a produção de oxigénio para repor o oxigénio da atmosfera da cabina da nave espacial, que permite obter um concentrado de microalgas de multiplicação rápida e suplementar este concentrado na dieta da tripulação, bem como reabastecer o foto-biorreactor espacial com uma porção do concentrado e uma solução nutritiva purificada, a fim de obter biomassa suficiente para um longo voo espacial.

O funcionamento de um separador para a limpeza de água tecnicamente contaminada de impurezas mecânicas nocivas ou micróbios num tanque com água tecnicamente contaminada, bem como para a regeneração de água potável a partir de urina, a fim de manter a água potável em condições de microgravidade, utiliza, como descrito anteriormente e confirmado experimentalmente, a formação de bolhas de hidrogénio de eletrólise microdispersas carregadas negativamente no cátodo e bolhas de oxigénio de eletrólise carregadas positivamente no ânodo durante o processo de eletrólise da água e o movimento horizontal de bolhas de hidrogénio de eletrólise microdispersas na água a partir do cátodo carregado negativamente, onde se formaram, para o ânodo carregado positivamente devido à força de atração eletrostática que surge entre as bolhas de hidrogénio carregadas negativamente e o ânodo carregado positivamente, bem como o movimento horizontal de bolhas de oxigénio eletrolítico carregadas positivamente na água a partir do ânodo carregado positivamente, onde se formaram, para o cátodo carregado negativamente devido à força de atração eletrostática que surge entre as bolhas de oxigénio carregadas positivamente e o cátodo carregado negativamente em condições de microgravidade, o que leva à purificação de líquidos de impurezas e micróbios, à regeneração da água da urina.

Ao deslocarem-se horizontalmente na água de um cátodo carregado negativamente para um ânodo carregado positivamente, as bolhas de hidrogénio microdispersas carregadas negativamente, ao encontrarem micropartículas sólidas de resíduos ou urina no seu caminho, induzem uma carga positiva nas suas superfícies e são fixadas nestas superfícies devido às forças de atração eletrostática e tensão superficial, o que leva à blindagem negativa das micropartículas de resíduos ou urina, ou seja, à formação de complexos estáveis: bolhas de hidrogénio microdispersas carregadas negativamente + micropartículas de resíduos ou

urina (Figura 56), que devido à blindagem negativa resultante das micropartículas de lixo ou urina sob a influência da força de atração eletrostática resultante do ânodo carregado positivamente, se deslocam em direção ao ânodo, enchendo toda a sua área de superfície com espuma de bolhas de hidrogénio microdispersas e micropartículas de lixo ou urina.

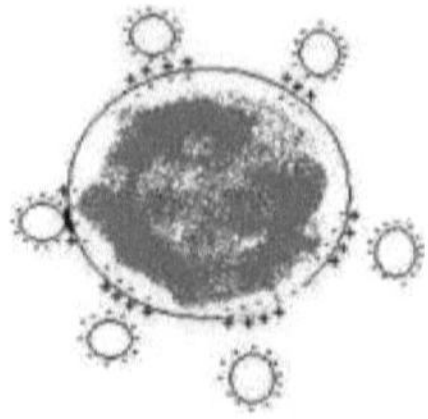

Figura 56: *As bolhas de hidrogénio com carga negativa induzem a carga positiva*
na superfície da micropartícula e fixam-se nela, dando origem a um ecrã negativo.

O movimento horizontal de bolhas de oxigénio eletrolítico positivamente carregadas em água, em condições de microgravidade, do ânodo positivamente carregado, onde se formaram, para o cátodo negativamente carregado, devido à força de atração eletrostática resultante entre as bolhas de oxigénio positivamente carregadas e o cátodo negativamente carregado, leva ao preenchimento de toda a superfície do cátodo com espuma de bolhas de oxigénio eletrolítico.

A separação dos complexos, deslocados para o ânodo: espuma de bolhas de hidrogénio e micropartículas sólidas de resíduos ou de urina, e do líquido purificado, recolhido em toda a zona catódica: líquido técnico puro ou água potável em condições de microgravidade, é efectuada deslocando o líquido purificado e os complexos, dele separados, para diversas cápsulas selectivas em condições de microgravidade, utilizando um separador de forma cónica e cápsulas de recolha.

Em condições de microgravidade, o líquido a purificar e os complexos dele separados, contidos num separador cónico, estão sujeitos a uma força dirigida de cima para baixo e igual a $F = aL$ (a é o coeficiente de tensão superficial) (Figura 57).

Uma força igual a $F1 = aL1$ actua de baixo para cima. Como $L>L1$, então $F>F1$ e, portanto, a força resultante $Fr = F-F1$ será dirigida para baixo e, portanto, o líquido purificado e os complexos, separados dele, fluirão suavemente para diferentes cápsulas selectivas devido à forma cónica da câmara e das cápsulas colectoras.

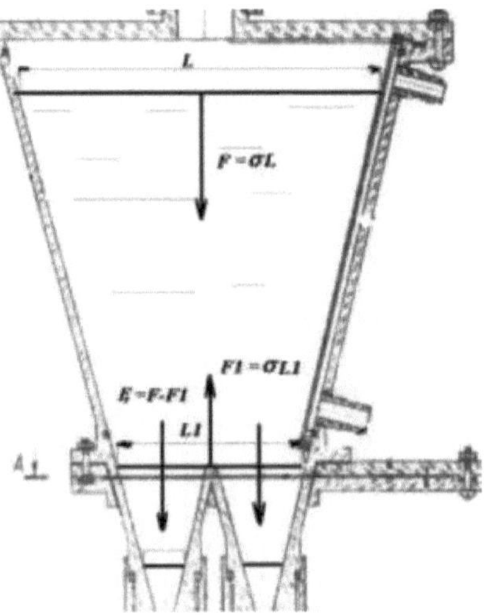

Figura 57: *Movimento do ambiente no separador em microgravidade*

Assim, em condições de microgravidade, uma das cápsulas de recolha (no lado do ânodo) será preenchida com micropartículas separadas de resíduos ou urina, e a outra cápsula de recolha (no lado do cátodo) será preenchida com líquido purificado ou água potável.

Na limpeza de líquidos técnicos contaminados, a água purificada actua como o líquido purificado e as micropartículas de resíduos e células microbianas actuam como micropartículas sólidas. Ao restaurar a água da urina, o papel do líquido purificado é desempenhado pela água potável, recuperada da urina, e o papel das micropartículas sólidas é desempenhado pelos componentes tóxicos da urina.

No separador concebido, o processo de formação de bolhas de eletrólise de hidrogénio e oxigénio durante a eletrólise da água em condições de gravidade zero é realizado utilizando a eletricidade de um painel solar localizado no espaço exterior.

As figuras 58 e 59 mostram a conceção do separador no seu conjunto.

O separador de cone contém dois eléctrodos de malha metálica (1, 2); uma válvula com um mecanismo de obturador (3); válvulas de saída selectivas (4); cápsulas de coletor de receção (5); uma tampa (6), bocais para lavar o separador após a conclusão do trabalho (7) e desbloqueio do obturador (8), painel solar (9).

O painel solar (9) está ligado aos eléctrodos da malha (painel solar "-" ao cátodo - seta vermelha; painel solar "+" ao ânodo - seta azul).

A câmara de separação cónica é feita de vidro orgânico.

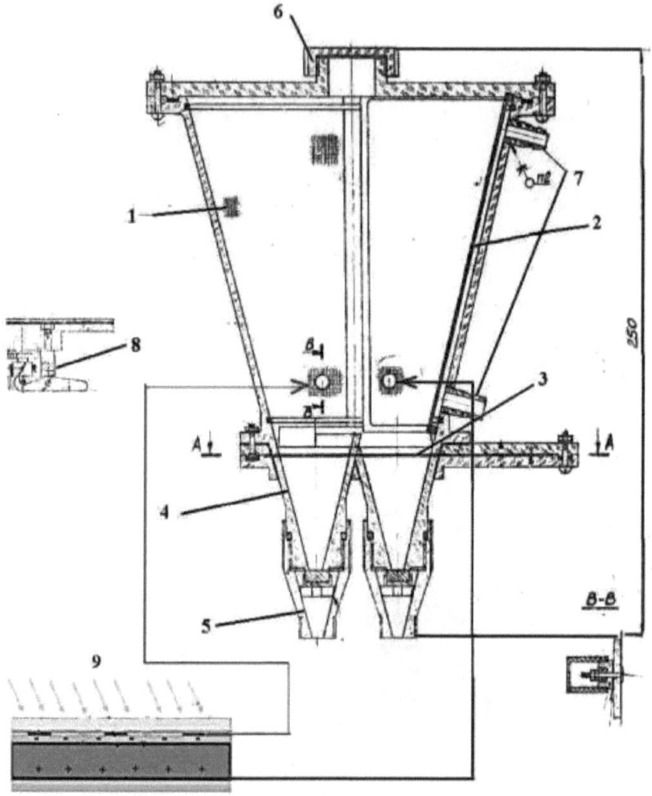

Figura 58: *Separador*

1, 2 - eléctrodos de malha metálica; 3 - obturador com mecanismo de persianas; 4 - guindastes de saída seleccionados; 5 - cápsulas colectoras receptoras; 6 - tampa; 7 - tubos de derivação para lavagem do separador-eletrolisador após a conclusão do trabalho (7) e libertação do obturador (8).

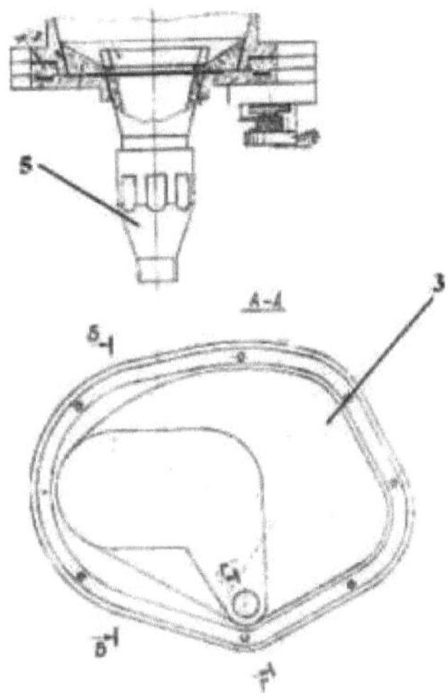

Figura 59: *Obturador com mecanismo de persianas (3) e cápsula coletora recetora (5)*

Os eléctrodos de malha metálica, feitos de material não corrosivo, são rigidamente fixados às paredes laterais do separador através de uma estrutura especial.

O mecanismo de desbloqueio do obturador e o obturador de latão estão localizados abaixo da câmara e são concebidos para separar a mistura total de água, contida na câmara cónica, das válvulas de escape selectivas e das cápsulas do coletor recetor.

As cápsulas de recolha receptoras têm também uma forma cónica e servem para separar o líquido técnico purificado ou a água potável das partículas sólidas nocivas e dos micróbios ou microcomponentes sólidos tóxicos da urina.

O separador funciona da seguinte forma.

O separador é pré-cheio com o meio adequado: água técnica com micropartículas de impurezas ou células microbianas ou urina.

Neste caso, o obturador do separador (3) é fechado para a separação da mistura total de água dos colectores-cápsulas receptores (5) devido ao sinal da fotocélula (água técnica de cor escura com micropartículas de impurezas ou células microbianas ou urina), localizada na parte inferior do cátodo da rede (no lado esquerdo da câmara do separador) para a unidade de controlo.

Quando se aplica uma tensão eléctrica na gama de ***26-36V*** às grelhas de eléctrodos metálicos (1, 2)

a partir do painel solar (9), ocorre o processo de eletrólise da água ou da urina, que contém a maior parte da água, e a formação de bolhas de eletrólise microdispersas de hidrogénio com carga negativa no cátodo (1) e de bolhas de eletrólise de oxigénio com carga positiva no ânodo (2).

As bolhas de hidrogénio formadas por eletrólise microdispersa, carregadas negativamente, começam a mover-se horizontalmente na água a partir do cátodo carregado negativamente, onde se formaram, para o ânodo carregado positivamente, devido à força de atração eletrostática que surge entre as bolhas de hidrogénio carregadas negativamente e o ânodo carregado positivamente, e as bolhas de oxigénio formadas por eletrólise, carregadas positivamente, começam a mover-se horizontalmente na água a partir do ânodo carregado positivamente, onde se formaram, para o cátodo carregado negativamente, devido à força de atração eletrostática que surge entre as bolhas de oxigénio carregadas positivamente e o cátodo carregado negativamente, em condições de ausência de peso, o que leva à purificação de líquidos de impurezas e micróbios e à regeneração da água da urina.

Ao moverem-se horizontalmente na água de um cátodo carregado negativamente para um ânodo carregado positivamente, as bolhas de hidrogénio microdispersas carregadas negativamente, ao encontrarem micropartículas sólidas de resíduos ou urina no seu caminho, induzem uma carga positiva nas suas superfícies e são fixadas nestas superfícies devido às forças de atração eletrostática e tensão superficial, o que leva a uma proteção negativa das micropartículas de resíduos ou urina, ou seja, à formação de complexos estáveis: espuma de bolhas de hidrogénio microdispersas carregadas negativamente e micropartículas de resíduos ou urina), que, devido à blindagem negativa das micropartículas de resíduos ou urina, são deslocadas sob a influência da força de atração eletrostática do ânodo carregado positivamente para o ânodo, preenchendo toda a sua superfície com espuma de bolhas de hidrogénio microdispersas e micropartículas de resíduos ou urina.

O movimento horizontal de bolhas de oxigénio de eletrólise positivamente carregadas em água, em condições de microgravidade, desde o ânodo positivamente carregado, onde se formaram, até ao cátodo negativamente carregado, devido à força de atração eletrostática resultante entre as bolhas de oxigénio positivamente carregadas e o cátodo negativamente carregado, leva a que toda a superfície do cátodo seja preenchida com espuma de bolhas de oxigénio eletrolítico.

Assim, na câmara, a água é separada das inclusões sólidas de água técnica ou de urina: a água limpa é recolhida ao longo de toda a zona catódica; a espuma com inclusões sólidas de água técnica ou de urina é recolhida ao longo de toda a zona anódica.

Quando a separação está completa: a água perto da fotocélula, situada na parte inferior do cátodo da rede (no lado esquerdo da câmara de separação), torna-se clara, a fotocélula envia um sinal à unidade de controlo e o obturador do separador (3) abre-se.

A separação final dos complexos, deslocados para o ânodo: espuma de bolhas de hidrogénio e micropartículas sólidas de resíduos ou de urina e líquido purificado, recolhido em toda a zona catódica: líquido técnico puro ou água potável em condições de microgravidade é efectuada deslocando o líquido purificado e os complexos, dele separados, para várias cápsulas selectivas em condições de microgravidade, utilizando uma câmara separadora de forma cónica, gruas de saída seleccionadas e cápsulas de recolha.

O separador desenvolvido é um novo tipo do bloco mais importante do sistema de suporte de vida dos astronautas numa nave espacial, permitindo a purificação de água suja técnica de impurezas sólidas nocivas e micróbios e a produção de água potável; regeneração de água potável a partir da urina dos astronautas em microgravidade em quantidades suficientes para o consumo desta água pelos astronautas durante longos voos espaciais de forma rápida, económica (sem consumo de energia eléctrica), em contraste com os métodos existentes.

O gerador de oxigénio e hidrogénio foi desenvolvido para a produção separada simples e económica de gases de oxigénio e hidrogénio e a sua utilização numa nave espacial para a manutenção a longo prazo da atmosfera da cabina da nave espacial com oxigénio e água fresca durante um longo voo, utilizando a formação de bolhas de hidrogénio de eletrólise microdispersas carregadas negativamente no cátodo e bolhas de oxigénio de eletrólise carregadas positivamente no ânodo durante a eletrólise da água em condições de microgravidade e o movimento horizontal de bolhas de hidrogénio eletrolítico microdispersas na água a partir do cátodo carregado negativamente, onde se formaram, para o ânodo carregado positivamente, devido à força de atração eletrostática que surge entre as bolhas de hidrogénio carregadas negativamente e o ânodo carregado positivamente, bem como o movimento horizontal de bolhas electrolíticas de oxigénio na água, carregadas positivamente, desde o ânodo carregado positivamente, onde se formaram para o cátodo carregado negativamente devido à força de atração eletrostática que surge entre as bolhas de oxigénio carregadas positivamente e o cátodo carregado negativamente em condições de microgravidade, o que leva ao preenchimento de toda a superfície do ânodo por uma espuma de bolhas de hidrogénio microdispersas e de toda a superfície do cátodo por uma espuma de bolhas de oxigénio.

Como resultado, a espuma concentrada de bolhas de hidrogénio eletrolítico, que se forma na zona do ânodo ao longo de todo o comprimento do ânodo, e a espuma concentrada de bolhas de oxigénio eletrolítico, que se forma ao longo de todo o comprimento do cátodo, são separadas em condições de microgravidade através da sua descarga da câmara do gerador para diferentes cápsulas devido à forma cónica da câmara do gerador, dos guindastes de saída seleccionados e das cápsulas colectoras receptoras.

Estas duas cápsulas colectoras receptoras, equipadas com separadores estáticos, permitem a produção separada dos gases oxigénio e hidrogénio em condições de microgravidade.

A conceção do gerador é semelhante à conceção do separador, descrita acima (Figura 58, 59).

A única diferença é que as duas cápsulas colectoras cónicas de receção de saída diferentes (5) da figura 59 estão equipadas com separadores estáticos para a produção separada de hidrogénio e oxigénio gasoso (figura 60).

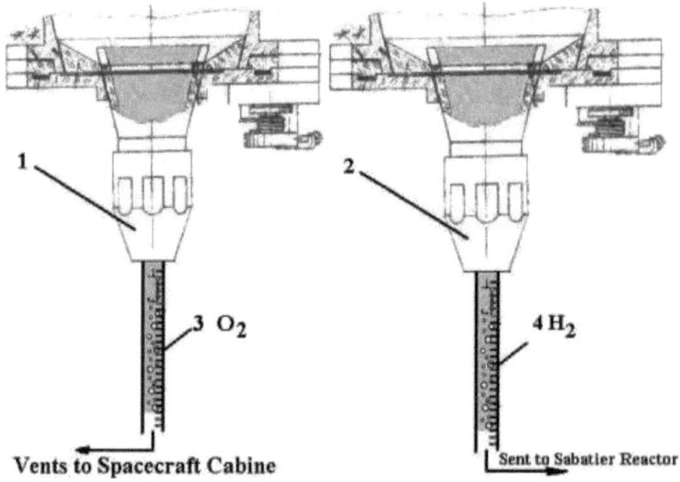

Figura 60: *Cápsulas colectoras de receção (1) e (2), equipadas com separadores estáticos (3, 4).*

O gerador desenvolvido funciona da seguinte forma.

A partir de cima, o gerador é preliminarmente enchido com água potável, obtida a partir da condensação da humidade atmosférica ou da urina.

Neste caso, o obturador (3) do gerador, que separa o conteúdo da câmara do gerador das cápsulas (5), é fechado por um sinal de uma célula fotoeléctrica, localizada na parte inferior da malha catódica (no lado esquerdo da câmara), dirigida para a unidade de controlo (cor transparente).

Quando uma tensão eléctrica na gama de ***26-36v*** é aplicada a partir do painel solar (9) aos eléctrodos de malha metálica (1, 2), a água é electrolisada e formam-se bolhas de hidrogénio carregadas negativamente e bolhas de oxigénio carregadas positivamente.

Devido à força de atração eletrostática que actua entre a malha catódica e as bolhas de oxigénio positivamente carregadas, formadas no ânodo, estas últimas deslocam-se horizontalmente para a zona próxima do cátodo sobre toda a superfície da malha catódica, formando uma espuma de bolhas electrolíticas de oxigénio.

Como descrito anteriormente, em condições de microgravidade, a força resultante que actua sobre a mistura de água comum, contida na câmara do gerador de tipo cónico, é igual à diferença entre as forças de tensão superficial que actuam ao longo da grande base da câmara cónica do gerador e a tensão superficial que actua ao longo das grandes bases seleccionadas das gruas de saída e dirigidas de cima para baixo, como mostra a figura 57, e, consequentemente, a mistura de água comum fluirá suavemente para baixo em diferentes cápsulas selectivas, enquanto o obturador do gerador (3), que separa o conteúdo da câmara das cápsulas selectivas (5), será aberto pela unidade de controlo, que recebeu um sinal da fotocélula (formação de espuma de bolhas de oxigénio).

Assim, em condições de microgravidade, uma das cápsulas seleccionadas (do lado do ânodo) será preenchida com uma espuma de bolhas de hidrogénio eletrolítico e a outra cápsula (do lado do cátodo) com uma espuma de bolhas de oxigénio.

Após a passagem separada da espuma de bolhas de oxigénio eletrolítico através do seu separador estático, o oxigénio gasoso em formação penetra no compartimento de vida dos astronautas e enriquece o ar que respiram com oxigénio (Figura 60).

Após a passagem separada da espuma de bolhas de hidrogénio através do seu separador estático, o hidrogénio gasoso em formação entra no reator Sabatier, onde quatro moléculas de hidrogénio gasoso $4H_2$ se combinam com a molécula CO_2 (a respiração dos astronautas) para criar água e metano:

$$CO_2 + 4H_2 \rightarrow 2H_2O + CH_4 \qquad (2.3.4)$$

A molécula de metano CH_4 *é* convertida em carbono e hidrogénio da seguinte forma:

$$CH_4 + heat \rightarrow C + 2H_2 \qquad (2.3.5)$$

A água é então devolvida ao gerador, completando o ciclo de suporte de vida regenerativo da nave espacial, enquanto o metano é expelido para o espaço aberto.

No caso de funcionamento contínuo do gerador, a tampa da câmara está sempre aberta e o amortecedor fecha-se automaticamente para encher a câmara com água e quando a tensão é aplicada aos eléctrodos da rede a partir do painel solar durante a eletrólise da água, o cátodo e o ânodo são preenchidos separadamente com espumas de bolhas de oxigénio e hidrogénio.

No momento da separação total, a fotocélula envia um sinal à unidade de controlo, com a ajuda do qual o obturador se abre automaticamente.

Após a formação de gases de oxigénio e hidrogénio a partir de toda a água contida na câmara, a fotocélula envia um sinal para a unidade de controlo (cor transparente) e o obturador fecha-se, repetindo-se assim o processo várias vezes.

O gerador desenvolvido é um novo tipo da unidade mais importante do sistema de suporte de vida para os astronautas numa nave espacial, que permite obter separadamente oxigénio puro e hidrogénio puro em condições de ausência de peso em quantidades suficientes para fornecer oxigénio à atmosfera da cabine da nave espacial e o consumo da água resultante pelos astronautas durante longos voos espaciais de uma forma rápida, inofensiva (sem adicionar eletrólito à água) e económica (sem consumir energia eléctrica), em contraste com os métodos existentes.

O gerador desenvolvido é também um novo tipo da unidade mais importante do sistema de suporte de energia para naves espaciais, permitindo o fornecimento seguro, económico e contínuo de hidrogénio e gases de oxigénio das células de combustível das naves espaciais que geram eletricidade estável a bordo de uma nave espacial durante um longo voo espacial.

Após a passagem separada da espuma de bolhas de hidrogénio eletrolítico através do seu separador estático, a molécula de hidrogénio $H2$ em formação penetra no ânodo poroso da pilha de combustível a hidrogénio (Figura 61), onde se decompõe em dois átomos de ***H***, que, em resultado da quimisorção, doando cada um deles um eletrão através de um ânodo poroso para o circuito elétrico externo, se transformam em dois catiões de hidrogénio com carga positiva $2H^+$.

Após a passagem separada da espuma de bolhas de oxigénio eletrolítico através do seu separador estático, o oxigénio fornecido ao cátodo poroso da pilha de combustível (figura 62) sob a forma de uma molécula e meia de oxigénio $1/2O2$ difunde-se no eletrólito, reagindo na superfície do cátodo com a participação de um catalisador com dois catiões de hidrogénio $2H^+$, tomando dois electrões do circuito elétrico externo, forma uma molécula de água $H2O$.

O fluxo de electrões e iões mantém o equilíbrio da carga e da matéria no eletrólito.

A água, formada como resultado da reação, dilui parcialmente o eletrólito e vai parcialmente para reabastecer as reservas de água da nave espacial.

Numa célula de combustível, parte da energia de uma reação química é convertida em calor, e o fluxo de electrões resultante num circuito externo é uma fonte de corrente contínua, utilizada pelos instrumentos de bordo e pelo equipamento da nave espacial.

O concentrador de microalgas de crescimento rápido foi desenvolvido para utilizar o dióxido de carbono, emitido pelos astronautas, para obter oxigénio e introduzir o concentrado de microalgas como aditivo alimentar de alto teor calórico na dieta da tripulação no sistema de suporte de vida de uma nave espacial em condições de microgravidade, a fim de obter oxigénio, água e concentrado de espuma de biomassa de microalgas suficientes para o funcionamento normal dos astronautas durante um longo voo espacial.

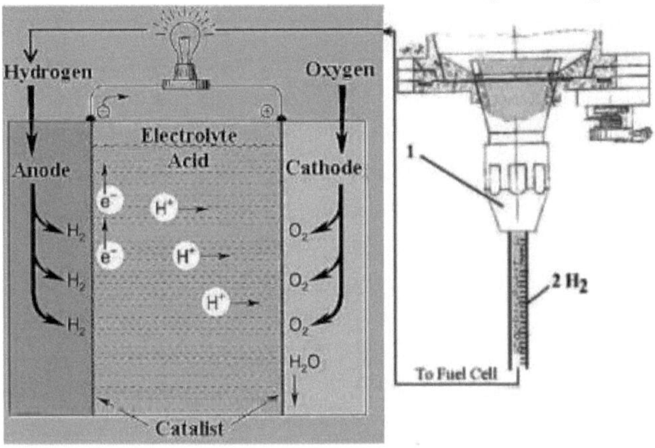

Figura 61. *Cápsula de receção do coletor (1), equipada com um separador estático (2), que fornece o hidrogénio gasoso formado à célula de combustível.*

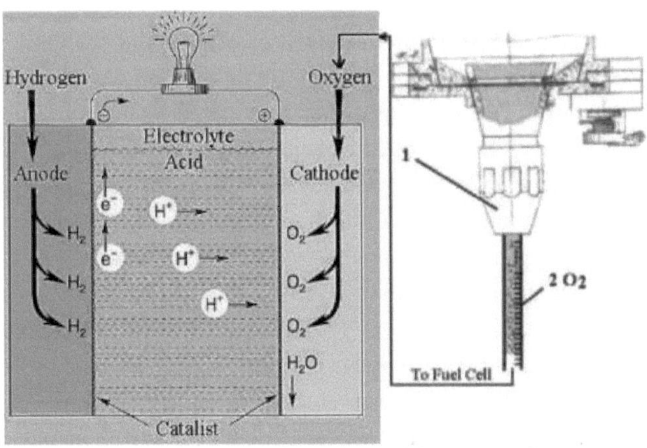

Figura 62: *Cápsula de receção do coletor (1), equipada com um separador estático (2), que fornece o oxigénio formado à célula de combustível.*

O concentrador desenvolvido produz uma quantidade suficiente de oxigénio,

água e um concentrado de espuma de biomassa de microalgas para o funcionamento normal dos astronautas durante um longo voo espacial, utilizando a formação de bolhas de hidrogénio de eletrólise microdispersas com carga negativa no cátodo e de bolhas de oxigénio de eletrólise com carga positiva no ânodo durante a eletrólise da água e o movimento horizontal de bolhas de hidrogénio microdispersas de eletrólise com carga negativa na água do cátodo para o ânodo, saturando a água com uma carga negativa e transformando-a numa solução catolítica, na produção de um concentrado de espuma de microalgas de multiplicação rápida em condições de microgravidade.
No concentrador desenvolvido, a transferência horizontal de bolhas microdispersas de eletrólise carregadas negativamente do cátodo carregado negativamente, onde foram formadas, para o ânodo carregado positivamente na água é realizada devido à força de atração eletrostática que surge entre as bolhas de hidrogénio carregadas negativamente e o ânodo carregado positivamente, bem como a transferência horizontal de bolhas electrolíticas carregadas positivamente oxigénio na água do ânodo carregado positivamente, onde foram formadas, para o cátodo carregado negativamente é realizada devido à força de atração eletrostática que surge entre as bolhas de oxigénio carregadas positivamente e o cátodo carregado negativamente em condições de microgravidade, o que conduz separadamente à produção de um concentrado de espuma de hidrogénio de alta qualidade de microalgas de reprodução rápida, parte do qual é utilizado como suplemento nutricional na dieta dos astronautas, e parte do qual reabastece o fotobiogerador para fornecer aos astronautas biomassa suficiente durante o voo espacial de longa duração; obtenção de oxigénio gasoso para enriquecer a atmosfera da cabina com oxigénio.
A produção de um concentrado de espuma de hidrogénio de alta qualidade de microalgas em reprodução é realizada da seguinte forma: com o movimento horizontal de bolhas de hidrogénio microdispersas na água, carregadas negativamente, de um cátodo carregado negativamente para um ânodo carregado positivamente, encontrando este último uma célula de microalgas no seu caminho, são fixadas na sua camada exterior carregada positivamente da bicamada fosfolipídica da membrana celular, devido às forças de atração eletrostática que surgem entre as bolhas de hidrogénio microdispersas carregadas negativamente e a camada exterior carregada positivamente da bicamada fosfolipídica da membrana celular e às forças de tensão superficial, que actuam numa direção, o que leva à blindagem negativa da célula, ou seja, à formação de complexos estáveis: espuma de bolhas de hidrogénio microdispersas de carga negativa e células de microalgas (Figura 63).

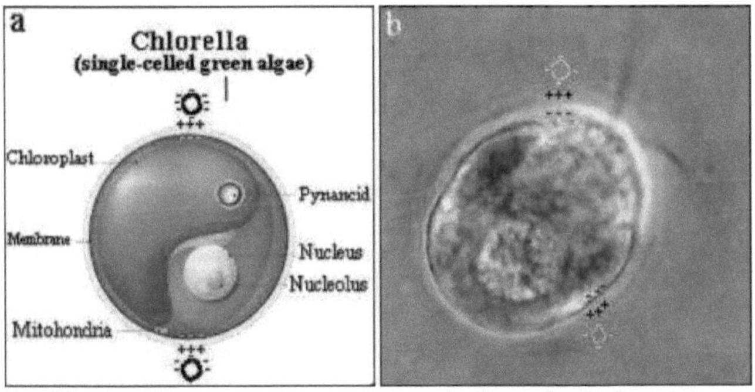

Figura 63. *Formação de um complexo: bolha de hidrogénio com carga negativa + célula de* ***Chlorella*** *(a) e célula de* ***Dunaliella*** *(b) em microgravidade*

Uma solução aquosa de hidrogénio carregada negativamente (catolito) aumenta electrostaticamente as cargas positivas na camada exterior da bicamada fosfolipídica da membrana celular, que tem cargas negativas no lado interior, o que contribui para a abertura das camadas interatómicas de colesterol, contidas no interior entre as duas camadas da bicamada fosfolipídica das células da membrana, o que leva a um aumento do transporte de água, oxigénio, dióxido de carbono e substâncias lipofílicas para o interior da célula da alga.
Devido à envolvência da célula com um católito de carga negativa, ocorre uma libertação acelerada de catiões Na^{+1} de carga positiva da célula biológica através de uma proteína de transporte.
Por outro lado, os catiões K^{+1} extracelulares, carregados positivamente, provenientes da solução catolítica circundante, carregada negativamente, passam através da proteína de transporte celular, provocando a libertação de um grupo fosfato, cuja perda restabelece a conformação original da proteína e liberta catiões K^{+1} na célula.
Por conseguinte, uma solução catolítica tem propriedades bioestimulantes reforçadas na ***Chlorella*** ou ***Dunaliella***, activando os processos metabólicos e aumentando as suas defesas.
Assim, o concentrador desenvolvido permite criar simultaneamente uma solução de catolito carregada negativamente e gerar e mover horizontalmente a espuma resultante das bolhas de hidrogénio microdispersas carregadas negativamente e das células de microalgas que se multiplicam rapidamente do cátodo para o ânodo, concentrando esta espuma ao longo de toda a zona do ânodo, separando-a das bolhas de oxigénio e da solução de catolito.
Por outro lado, o concentrador desenvolvido permite gerar e deslocar horizontalmente a espuma resultante das bolhas de oxigénio carregadas

positivamente do ânodo para o cátodo, concentrando esta espuma em toda a zona catódica, separadamente da espuma das bolhas de hidrogénio microdispersas carregadas negativamente e das células de microalgas que se multiplicam rapidamente.

A forma cónica da câmara concentradora, que contém espuma proveniente de bolhas microdispersas de hidrogénio com carga negativa e de células de microalgas em rápida multiplicação, concentradas ao longo de toda a zona anódica, e espuma proveniente de bolhas de oxigénio com carga positiva, localizada ao longo de toda a zona catódica, permite, como já foi referido deslocar os componentes separados para diferentes cápsulas colectoras receptoras em condições de microgravidade, devido à ação da força de tensão superficial resultante, dirigida para baixo, para a base pequena do cone e igual à diferença entre a força de tensão superficial aplicada à superfície da mistura comum da base grande do cone e a força de tensão superficial aplicada à superfície da mistura comum da base pequena do cone.

A visão geral do concentrador, funcionando de acordo com os princípios descritos anteriormente em condições de microgravidade, é semelhante à conceção do separador, apresentada anteriormente (Figuras 58, 59), mostrada na Figura 64.

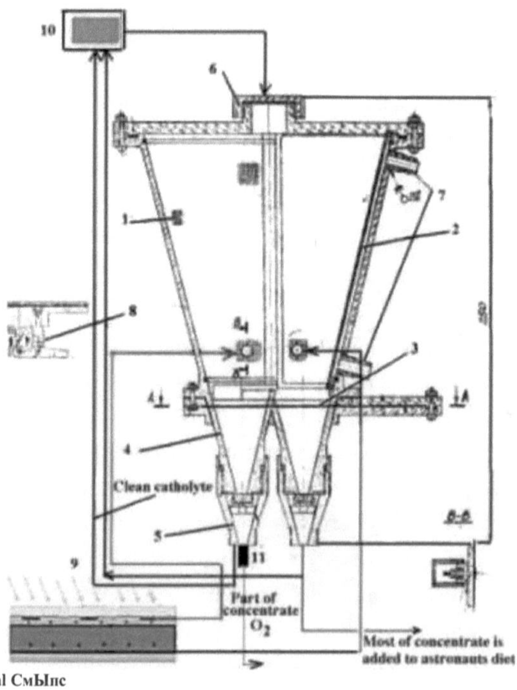

Vcnls U> Nave espacial CмЫnc

Figura 64. *Concentrador*

1, 2 - são os eléctrodos de malha metálica; 3 - obturador com o mecanismo de persianas; 4 - guindastes de saída seleccionados; 5 - cápsulas colectoras receptoras; 6 - tampa; 7 - tubos de derivação para lavagem do separador após a conclusão do trabalho; 8 - o mecanismo de disparo do obturador; 9 - painel solar; 10 - foto biogerador; 11 - separador estático.

ser aberto pela unidade de controlo que recebeu um sinal do fotoelemento (a cor escura).

O concentrador funciona da seguinte forma.

O concentrador é pré-enchido com células ***de Chlorella*** ou ***Dunaliella*** e o seu meio nutriente a partir do fotobiogerador (9), descrito em [55], num ciclo fechado. Neste caso, o obturador do separador (3) é fechado para separar a solução aquosa do meio nutriente com células ***Chlorella*** ou ***Dunaliella*** dos colectores-cápsulas receptores (5) através de um dispositivo de controlo que recebe um sinal de uma fotocélula (cor transparente), localizada na parte inferior do cátodo da rede.

Quando uma tensão eléctrica do painel solar (9) é aplicada aos eléctrodos da malha metálica (1, 2) da câmara do concentrador, que contém uma mistura de células de ***Chlorella*** ou ***Dunaliella*** e a sua solução aquosa de meio nutriente, na gama de ***26-36v***, o processo de eletrólise da solução aquosa de meio nutriente de células ***de Chlorella*** ou ***Dunaliella cria*** simultaneamente uma solução de católito com carga negativa e gerar e deslocar horizontalmente a espuma formada a partir de bolhas de hidrogénio microdispersas com carga negativa e de células de microalgas que se multiplicam rapidamente do cátodo para o ânodo, concentrando esta espuma ao longo de toda a zona anódica, separando-se das bolhas de oxigénio e da solução de católito.

O processo de eletrólise de uma solução aquosa do meio nutriente das células de ***Chlorella*** ou ***Dunaliella*** cria simultaneamente uma solução catolítica carregada negativamente e gera, e move horizontalmente a espuma resultante de bolhas de oxigénio carregadas positivamente do ânodo para o cátodo, concentrando esta espuma em toda a zona catódica.

No momento da deslocação do maior número de complexos no ânodo da malha (separação), um fotoelemento envia um sinal para a unidade de controlo (cor escura) e a unidade de controlo abre o obturador (3) para a retirada e seleção de um elevado concentrado de células de ***Chlorella*** ou ***Dunaliella*** para a cápsula de receção recolhida (5) do lado do ânodo e livre de espuma de células de ***Chlorella*** ou ***Dunaliella*** do ambiente nutriente de bolhas de oxigénio (católito) para a cápsula (5) do lado do cátodo.

Tal como descrito anteriormente, em condições de microgravidade, o elevado concentrado de ***Chlorella*** ou ***Dunaliella*** e a restante solução aquosa de meio nutriente (católito) e a espuma de bolhas de oxigénio com carga positiva fluirão suavemente para diferentes cápsulas selectivas, enquanto o obturador da câmara (3), que separa o conteúdo da câmara das cápsulas selectivas (5), será aberto pela unidade de controlo que recebeu um sinal do fotoelemento (a cor escura).

Toda a solução aquosa do meio nutriente (catolito), purificada das células de microalgas, e uma pequena parte do elevado concentrado de células de microalgas de multiplicação rápida é devolvida ao fotobiogerador para manter a cultura de microalgas durante muito tempo num ciclo fechado ou, se houver um separador estático na cápsula selectiva do lado do cátodo, o oxigénio gasoso resultante é utilizado para enriquecer a atmosfera da cabina da nave espacial com oxigénio; a maior parte do elevado concentrado de células de microalgas de multiplicação rápida é adicionada à dieta dos astronautas durante um voo de longa duração, como mostra a figura 64.

No momento em que as células de ***Chlorella*** ou ***Dunaliella*** e a restante solução aquosa de meio nutriente saem da câmara do concentrador, o fotoelemento envia um sinal para a unidade de controlo (cor transparente) e esta fecha o obturador (5), o que permite encher a câmara com células de microalgas e a respectiva solução aquosa de meio nutriente proveniente do foto-gerador, iniciando-se assim um novo ciclo.

Assim, um novo tipo de sistema de alimentação de energia para naves espaciais é o gerador de oxigénio e hidrogénio desenvolvido (Figura 58, 59,60), que permite, em condições de ausência de peso, obter separadamente oxigénio puro e hidrogénio puro em quantidades suficientes para o fornecimento ininterrupto de oxigénio e hidrogénio aos elementos de combustível das naves espaciais (Figura 61,62), gerando eletricidade estável a bordo da nave espacial durante um longo período no espaço, de forma simples e económica (sem o custo da eletricidade), ao contrário dos métodos existentes.

O sistema de suporte de vida de um novo tipo de nave espacial inclui um separador desenvolvido, que permite, em condições de microgravidade, purificar de forma económica (sem custo de eletricidade) e simples a água suja técnica de impurezas sólidas nocivas e de micróbios e obter água potável, regenerar a água potável a partir da urina dos astronautas em condições de ausência de peso em quantidades suficientes para o consumo desta água pelos astronautas durante longos voos espaciais; um gerador de oxigénio e hidrogénio desenvolvido, concebido para produzir, de forma económica (sem o custo da eletricidade) e simples, gases de oxigénio e hidrogénio separadamente e utilizá-los numa nave espacial para manter a atmosfera da cabina da nave espacial com oxigénio e água fresca durante uma longa missão de voo espacial; um concentrador de microalgas de crescimento rápido desenvolvido, que permite, de forma económica (sem o custo da eletricidade) e rápida utilizar o dióxido de carbono emitido pelos astronautas, enriquecer a atmosfera da cabine da nave espacial com oxigénio e obter um concentrado de microalgas como aditivo alimentar de alto teor calórico na dieta da tripulação em condições de ausência de peso, em quantidades suficientes para o normal funcionamento dos astronautas durante um longo voo espacial (Figura 65).

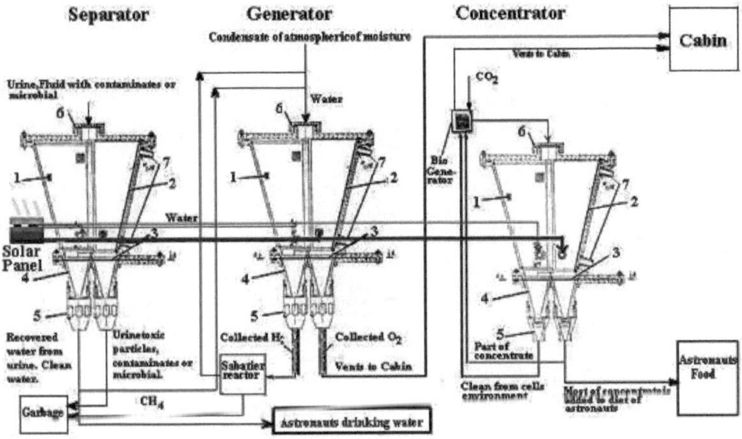

Figura 65: *Diagrama esquemático do funcionamento de um novo tipo de sistema de suporte de vida a bordo de uma nave espacial.*

Os testes efectuados confirmaram a operacionalidade e a eficácia dos componentes individuais dos novos tipos de sistemas de fornecimento de energia e de suporte de vida desenvolvidos em condições de ausência de peso de curta duração.

A título de exemplo, os quadros (Figura 66) mostram o funcionamento do separador em condições de ausência de peso de curta duração.

Assim, o novo tipo desenvolvido de sistemas de alimentação eléctrica e de suporte de vida dos veículos espaciais, alimentados por um painel solar, incluindo as novas tecnologias desenvolvidas um gerador de gás oxigénio e hidrogénio, que permite produzir separadamente, de forma económica e fácil, oxigénio, hidrogénio e água potável, para enriquecer a atmosfera com oxigénio e reabastecer as reservas de água potável da cabina da nave espacial no sistema de suporte de vida da nave espacial; carregar continuamente as células de combustível da nave espacial com hidrogénio e oxigénio, o que leva à produção contínua e ininterrupta de eletricidade a bordo nos sistemas de fornecimento de energia da nave espacial; um separador para purificação de águas residuais técnicas de inclusões sólidas nocivas e micróbios patogénicos e obtenção de água potável a partir delas, regeneração de água potável a partir da urina, excretada pelos astronautas, em microgravidade no sistema de suporte de vida da nave espacial em quantidades suficientes para o consumo desta água pelos astronautas durante um longo voo espacial; um concentrador que recebe uma solução com

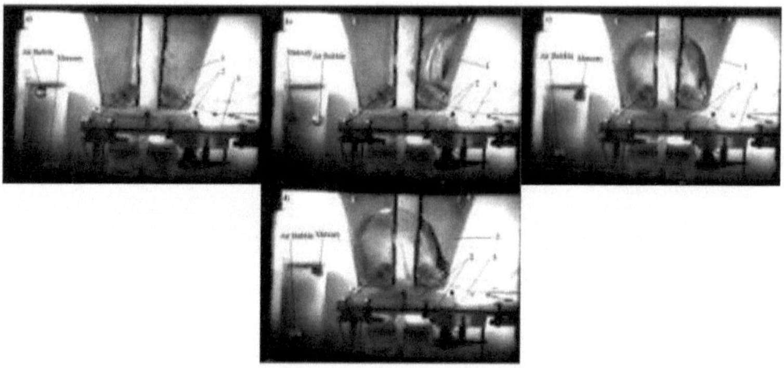

Figura 66: *As imagens da filmagem captam o funcionamento do separador em condições de ausência de peso de curta duração.*
a, b, c e d - microgravidade no tempo; 1- câmara de separação com dois eléctrodos de malha metálica; 2 - cápsulas colectoras receptoras; 3 - obturador com mecanismo de obturação.

células de microalgas de um fotobiorreactor espacial, que cultiva microalgas em condições de microgravidade, que utiliza o dióxido de carbono, libertado durante a respiração dos astronautas, produz oxigénio para enriquecer a atmosfera da cabina da nave espacial com oxigénio através da fotossíntese.

Um concentrador permite obter um concentrado de alta qualidade de células de microalgas de multiplicação rápida e complementar a dieta da tripulação com a maior parte deste concentrado, e também reabastecer o fotobiorreactor espacial com o resto do concentrado e da solução nutritiva, a fim de obter uma quantidade suficiente de biomassa para um longo voo espacial.

Os testes laboratoriais de voo efectuados a bordo do Il-76K, em condições de ausência de peso de curta duração, confirmaram a operacionalidade e a eficácia dos componentes individuais dos sistemas de fornecimento de energia e de suporte de vida e, consequentemente, dos próprios sistemas em condições de ausência de peso de curta duração.

CONCLUSÃO

1. O modelo teórico desenvolvido explica a formação de uma carga negativa na superfície de uma bolha de hidrogénio de eletrólise durante o processo de eletrólise unicamente pela ação da força repulsiva eletrostática negativa do cátodo carregado negativamente, no qual se forma a bolha de hidrogénio de eletrólise.

Verificou-se que a intensidade de formação e a microdispersão das bolhas de eletrólise microdispersas com carga negativa, formadas durante o processo de eletrólise, são controladas através do aumento do potencial elétrico do cátodo, fazendo com que a intensidade de formação de bolhas de hidrogénio seja máxima e o tamanho das bolhas de hidrogénio seja tão pequeno quanto o exigido pelo processo de electroflotação.

As bolhas de hidrogénio microdispersas e carregadas negativamente, produzidas durante a eletrólise, são uniformes em tamanho, não tendem a aderir umas às outras após a separação do cátodo e mantêm um diâmetro constante enquanto permanecerem na água.

Estas propriedades especiais e controláveis das bolhas de hidrogénio de eletrólise microdispersas com carga negativa permitiram ao autor construir um electroflotador desprovido de salinidade anódica no processo de electroflotação, construindo a forma do ânodo sob a forma de uma moldura com células grandes, e a eficiência do processo de electroflotação não só não diminui, como aumenta muito com um aumento da tensão eléctrica nos eléctrodos do electroflotador.

2. A utilização da tensão única e controlada acima descrita teoricamente, fornecida por uma bateria solar aos eléctrodos de um electroflotador especialmente concebido, sem salinidade do ânodo no processo de electroflotação devido à construção da forma do ânodo sob a forma de uma estrutura com células grandes, e a eficiência do processo de electroflotação, em que não só não diminui, mas também aumenta significativamente com o aumento da tensão eléctrica nos eléctrodos do electroflotador, as propriedades das bolhas de eletrólise do hidrogénio permitiram ao autor desenvolver tecnologias avançadas de purificação e concentração: purificação de indústrias galvânicas, purificação de águas residuais da produção industrial de leite, purificação de águas residuais da indústria de papel e celulose, purificação de um lago de "água verde" através da concentração de fitoplâncton e enriquecimento da atmosfera com oxigénio e utilização de dióxido de carbono atmosférico, através da fotossíntese do concentrado resultante num ciclo ecológico fechado; obtenção de concentrados espumosos de alta qualidade de ***células de Chlorella*, *Dunaliella de*** multiplicação rápida, obtenção de cocktails de hidrogénio de fruta de alta qualidade e concentrados de sumo de fruta de alta

qualidade.

3. O autor revelou o mecanismo de ação das soluções aquosas de catolito e de anolito sobre uma célula biológica, que é o seguinte

A camada exterior, carregada positivamente, e a camada interior, carregada negativamente, da bicamada fosfolipídica da membrana de uma célula biológica criam um campo eletrostático que actua sobre o colesterol, contido no interior da matriz da bicamada fosfolipídica, que tem a propriedade de mudar a sua orientação ótica na direção da ação do campo eletrostático e de assumir a configuração de camadas moleculares horizontais com fendas através das quais a água, o oxigénio, o dióxido de carbono e as substâncias lipofílicas passam do ambiente para a célula biológica.

Se o ambiente que rodeia uma célula biológica for uma solução aquosa de católito com carga negativa, atrai as cargas positivas da camada exterior da bicamada fosfolipídica da membrana da célula biológica, o que reforça o campo eletrostático entre as camadas exterior e interior da bicamada fosfolipídica da membrana da célula biológica e aumenta as propriedades bioestimulantes da célula biológica.

O efeito oposto é observado quando uma solução aquosa de anólito carregada positivamente, formada durante a eletrólise pela saturação da água com bolhas de oxigénio de eletrólise carregadas positivamente, destrói as células biológicas ao reduzir o potencial das cargas positivas no exterior da membrana devido à repulsão eletrostática até serem completamente removidas, o que leva à ausência de um campo eletrostático e à adoção pelo colesterol de uma configuração com camadas moleculares verticais sem lacunas, em resultado da qual a troca de substâncias entre a célula e o ambiente pára e ocorre a sua morte.

As moléculas de proteína incorporadas na bicamada fosfolipídica actuam como uma bomba acelerada de sódio e potássio, que também desempenha um papel importante no metabolismo de uma célula biológica e na sua reprodução.

Os catiões citoplasmáticos Na^{+1} carregados positivamente ligam-se à bomba de sódio-potássio. A ligação do Na^{+1} estimula a fosforilação ***do ATP***.

A fosforilação provoca uma alteração da conformação da proteína na solução aquosa de catolito que envolve a célula biológica, devido à ação da atração eletrostática da solução aquosa de catolito carregada negativamente, o que acelera a libertação de catiões Na^{+1} carregados positivamente para o exterior.

Os catiões K^{+1} extracelulares de carga positiva, utilizando a força de atração eletrostática da solução catolítica de carga negativa que envolve a célula, ligam-se à proteína, provocando a libertação do grupo fosfato.

A perda de fosfato faz com que a proteína volte à sua conformação original.

Os catiões K^{+1} são libertados e os sítios Na^{+1} tornam-se novamente receptivos; o ciclo repete-se.

Se uma célula biológica for colocada numa solução de um anólito aquoso carregado positivamente, então o bombeamento de sódio é impossível devido à repulsão eletrostática dos catiões de sódio carregados positivamente pela solução aquosa anólita carregada positivamente que a rodeia.

Pela mesma razão, os catiões K^{+1} extracelulares não conseguem penetrar na célula através da proteína.

As explicações do mecanismo de ação das soluções aquosas de católito e de anólito sobre uma célula biológica permitiram ao autor, utilizando o método desenvolvido e um concentrador-electroflotador especialmente concebido, obter um concentrado espumoso de alta qualidade de células de ***Chlorella*** e de ***Dunaliella*** que se multiplicam rapidamente; permitiram ao autor desenvolver um método e construir um electroflotador médico móvel de duas câmaras, que possibilitou a realização da linfossorção, da remoção e da destruição das células cancerosas da linfa num ciclo fechado contínuo em doentes com cancro do fígado e hepatite.

4. O autor concebeu um tipo completamente novo de fotoelectrolisador, capaz não só de produzir separadamente hidrogénio e oxigénio puros a um preço inferior ao preço de mercado, mas também de efetuar o reabastecimento contínuo da pilha de combustível para o funcionamento ininterrupto do motor do veículo elétrico num ciclo continuamente fechado: um tanque com água normal + fotoelectrolisador + formação de gases separados de hidrogénio e oxigénio + carregamento de células de combustível e funcionamento ininterrupto do motor do veículo elétrico a hidrogénio + água + um tanque de água normal.

5. Todos os dispositivos desenvolvidos no processo de eletrólise utilizam a energia solar de um painel solar ou fotoelectrolisador como fonte de energia, pelo que o autor fez uma interpretação teórica do mecanismo molecular de conversão da energia solar de um painel solar ou fotoelectrolisador em energia de eletrólise da água num electroflotador ou fotoelectrolisador.

6. O autor propôs um separador-concentrador elétrico universal desenvolvido para purificar o líquido combustível de impurezas ou micróbios, recuperar água da urina e concentrar ***Chlorella*** do seu ambiente natural em condições de microgravidade. Um separador-concentrador elétrico universal desenvolvido, que utiliza na sua conceção o efeito da corrente eléctrica direta sobre o combustível líquido, a urina, o ambiente natural da ***Chlorella*** e uma forma cónica especial da estrutura, que permite, em condições de microgravidade, purificar o líquido combustível de impurezas e micróbios, recuperar a água da urina e obter um concentrado de alta qualidade de ***Chlorella*** do ambiente natural de forma simples e económica.

7. O método desenvolvido e o separador-eletrolisador concebido, alimentado por um painel solar, instalado em espaço aberto, para o fornecimento contínuo de hidrogénio e oxigénio gasosos às células de combustível das naves espaciais em condições de voo espacial de longa duração, permitem obter separadamente misturas concentradas gás-líquido no separador-eletrolisador: a espuma de bolhas electrolíticas de hidrogénio, formada na zona anódica ao longo de todo o comprimento do ânodo; a espuma de bolhas electrolíticas de oxigénio, formada na zona próxima do cátodo ao longo de todo o comprimento do cátodo durante o processo de eletrólise da água, devido à atração eletrostática dos eléctrodos da rede e das bolhas electrolíticas de cargas opostas.
A forma cónica do separador-eletrolisador desenvolvido e a forma cónica da sua saída para receber válvulas de saída e cápsulas de recolha seleccionadas permitem, em condições de ausência de peso, efetuar a descarga separada de duas misturas gás-líquido em cápsulas de recolha diferentes, equipadas com separadores estáticos que geram separadamente gases de hidrogénio e oxigénio em modo contínuo, que podem ser utilizados com êxito para abastecer de forma segura e económica e contínua, através destes gases, as células de combustível e gerar eletricidade estável a bordo de uma nave espacial durante um longo voo espacial.
8. O novo tipo desenvolvido de sistemas de alimentação eléctrica e de suporte de vida dos veículos espaciais, alimentados por um painel solar, incluindo as novas tecnologias desenvolvidas: um gerador de gás de oxigénio e hidrogénio, que permite produzir separadamente, de forma económica e fácil, oxigénio, hidrogénio e água potável, para enriquecer a atmosfera com oxigénio e reabastecer as reservas de água potável da cabina da nave espacial no sistema de suporte de vida da nave espacial; carregar continuamente as células de combustível da nave espacial com hidrogénio e oxigénio, o que leva à produção contínua e ininterrupta de eletricidade a bordo nos sistemas de fornecimento de energia da nave espacial; um separador para purificação de águas residuais técnicas de inclusões sólidas nocivas e micróbios patogénicos e obtenção de água potável a partir delas, regeneração de água potável a partir da urina, excretada pelos astronautas, em microgravidade no sistema de suporte de vida da nave espacial em quantidades suficientes para o consumo desta água pelos astronautas durante um longo voo espacial; um concentrador que recebe uma solução com células de microalgas de um fotobiorreactor espacial, cultivando microalgas em condições de microgravidade, que utiliza o dióxido de carbono, libertado durante a respiração dos astronautas, produz oxigénio para enriquecer a atmosfera da cabina da nave espacial com oxigénio através da fotossíntese. Um concentrador permite obter um concentrado de alta qualidade de células de

microalgas de multiplicação rápida e suplementar a dieta da tripulação com a maior parte deste concentrado, e também reabastecer o fotobiorreactor espacial com o resto do concentrado e da solução nutritiva, de modo a obter uma quantidade suficiente de biomassa para um longo voo espacial.
Os testes laboratoriais de voo efectuados a bordo do Il-76K, em condições de ausência de peso de curta duração, confirmaram a operacionalidade e a eficácia dos componentes individuais dos sistemas de fornecimento de energia e de suporte de vida e, consequentemente, dos próprios sistemas, em condições de ausência de peso de curta duração.

REFERÊNCIAS

1) Mamakov A.A., Fainshtein L.B. The purification of waste water by electroflotation, Proceedings of AN of MSSR (Moldavian Soviet Socialist Republic), a series of physical and math. Ciências, 1970; 2.

2) Mamakov A.A. Contemporary state and the prospect of applying of the electrolysis flotation of substances, Kishinev, Shtiintsa, 1975.

3) Gron V.A., Korostovenko V.V., Kaplichenko N.M., Galayko A.V. Melhoria do esquema tecnológico da purificação de águas residuais da engenharia de energia térmica, Revista periódica internacional de educação experimental, 2013; 10.

4) Kolesnikov V.A., Pavlov D.V. Application of the processes of electroflotation and flotation for the purification of waste water, Successes of chemistry and chemical technology, 2007; 9 (77): 21.

5) Castro S., Laskovski J.S. Froth flotation in saline water, KONA Powder and Particle Journal, 2011; 29.

6) Kliaugaite D., Yasadi K., Euverink G., Martijn F., Racys V. Electrochemical removal and recovery of humic-like substances from waste water, Separation and Purification Technology 2013; 108: 37-44.

7) Shoikhedbrod M.P. Mechanism of Formation of Electrolysis Bubbles in Water and the Use of their Properties for the Development of New Technologies in Microgravity, Journal of Fluid Mechanics and Mechanical Design, 2021; 3(3).

8) Kirkpatrick R.D. The Mechanism of antimicrobial action of electro-chemically activated (ECA) water and its healthcare applications, *Teses e Dissertações (Universidade de Pretória),* 2011

9) Leonov B.I., Bahir V.M. & Vtorenko V.I. Electrochemical activation in the practice of medicine in: 2° Simpósio Internacional "Ativação Eletroquímica". Proc. rep. e relatórios breves, Moscovo, 1999, 1, pp. 15-23,

10) Toropkov V.V., Altshul E.B. & Peresypkin O.I. Eficácia terapêutica do anólito e ANC nas membranas mucosas da cavidade oral em: 2nd Simpósio Internacional "Ativação Eletroquímica", - Moscovo, 1999, 1, 93-95 pp

11) Prilutsky V.I., Bakhir V.M. Electrochemically activated water: Propriedades anómalas, Mecanismo de ação biológica, Moscovo: VNIIIMT, 1997, 1, 124 pp.

12) Babtsova N.F. & Komarov I.F. Experiência de utilização de STELS no departamento cirúrgico 2nd Simpósio Internacional. Ativação eletroquímica. Proc. e relatórios breves, 1999, 1, 131-132pp.

13) Gluhchev G., Ignatov I. & Karadzhov S. Electrochemically Activated Water: Biophysical and Biological Effects of Anolyte and Catholyte Types of Water (Efeitos Biofísicos e Biológicos dos Tipos de Água Anólito e Católito). *Jornal*

Europeu de Biotecnologia Molecular, 2015, 7(1), pp. 12-26
14) Toropkov V.V., Altschul E.B. & Toropkova E.V. Toxicological characterization of catholyte. *3º Simpósio Internacional "Ativação Eletroquímica"*. - Moscovo-Leningrado, 2001, 1, 57-62pp.
15) Leonov B.I., Prilutsky V.I., Bahir V.M. Physic-chemical aspects of the biological effect of electrochemically activated water. Moscovo: VNIIIMT, 1999, 1, 224-240 pp.
16) Puck Nat A. Estudo de recuperação de água - purificação por eletrólise da urina relatório do empreiteiro, 1964, 10.
17) Brown D, Lindstrom R, Smith J. The Recovery of Water from Urine by Membrane Electrodialysis, Ionics Inc., Cambridge. Cambridge.
18) Roy Langton, Chuck Clark, Martin Hewitt, Lonnie Richards, Aircraft fuel systems, Encyclopedia of Aerospace Engineering, 2010.
19) Booth F, Bruce R. Centrifugal lyophobic separator Patente, US3828524A, 1972.
20) Ted Hill, Microbial growth in aviation fuel, *Aircraft Engineering and Aerospace Technology, 2003.*
21) Christopher J McNamara, Thomas D Perry IV, Ryan Leard, Ktisten Bearce, James Dante, Ralph Mitchell, Corrosion of aluminum alloy 2024 by microorganisms, isolated from aircraft fuel tanks, Biofouling, 2005, 21 (5-6), 257-265pp.
22) Frumkin A.N. As transacções seleccionadas: processos de eléctrodos. M., *Science*, 1987,
23) Shoikhedbrod M. Chlorella Lipid Oil for Biofuel Production, Obtained by A New Method of High-Quality Concentration of Chlorella, Journal of Petroleum Engineering & Technology, 2022; 12(2): 10-14pp.
24) Shoikhedbrod M. Use uma solução carregada negativamente do catolito do meio nutriente e fotossíntese de células *de Chlorella* para obter uma biomassa com alto teor de proteínas em quantidades suficientes, International Journal of Cell Biology and Cellular Processes, 2022; 8 (2): 24-33pp.
25) Campbell N., Reece J. PowerPoint Lectures for Biology, Sétima Edição, 2005.
26) Shoikhedbrod M. Controlo de processos de alta concentração de células *de Chlorella* de multiplicação intensiva a partir do seu meio nutriente e destruição e remoção de células cancerígenas da linfa de pacientes oncológicos através da utilização de eletrólise, Journal of Instrumentation and Innovation Sciences, 2021, 6(3).
27) Shoikhedbrod M. Electroflotador médico de duas câmaras para a limpeza da linfa de doentes com cancro de substâncias tóxicas e para a destruição e

remoção de células cancerígenas nela contidas, Research & Reviews: Jornal de Oncologia e Hematologia, 2022, 11 (1).

28) Nelson J. The physics of solar cells, *World Scientific Publishing Company*, 2003.

29) Bagher A., Vahid M., Mohsen M. Types of solar cells and application, American Journal of optics and photonics, 2015; 3 (5):94-113.

30) Fraas L., Partain L. Solar cells and their applications, *John Wiley & Sons,* 2010.

31) Strandwitz N.C., Comstock D.J, Grimm R.G., Nielander A.C., Elam J., Lewis N.S. Comportamento fotoelectroquímico de eléctrodos de Si (100) do tipo n revestidos com películas finas de óxido de manganês cultivadas por deposição de camada atómica, *The Journal of Physical Chemistry,* 2013; C 117(10): 49314936.

32) Feldmann F., Bivour M., Reichel C., Hermle M., Glunz S.W. Passivated rear contacts for high-efficiency n-type Si solar cells providing high interface passivation quality and excellent transport characteristics, *Solar energy materials and solar cells*, 2014; 120: 270-274

33) Kim S., Park J., Phong P.D., Shin C., Iftiquar S.M., Yi. J. Melhorando a eficiência da célula solar de silício emissor traseiro usando uma camada de campo de superfície frontal de óxido de silício do tipo n otimizada, *Scientific Reports*, 2018; 8 (1): 110.

34) Nielander A.C., Bierman M.J., Petrone N., Strandwitz N.C., Ardo S., Yang F., Hone J., Lewis N.S. Comportamento fotoelectroquímico de eléctrodos de Si (111) do tipo n revestidos com uma única camada de grafema, Journal of the American Chemical Society, 2013; 135 (46): 17246-17249.

35) Roy Langton, Chuck Clark, Martin Hewitt, Lonnie Richards, Aircraft fuel systems, Encyclopedia of Aerospace Engineering, 2010.

36) Booth F, Bruce R. Centrifugal lyophobic separator Patente, US3828524A, 1972.

37) Ted Hill, Microbial growth in aviation fuel, *Aircraft Engineering and Aerospace Technology, 2003.*

38) Christopher J McNamara, Thomas D Perry IV, Ryan Leard, Ktisten Bearce, James Dante, Ralph Mitchell, Corrosion of aluminum alloy 2024 by microorganisms isolated from aircraft fuel tanks, Biofouling, 2005, 21 (5-6), 257-265pp.

39) Romanov S.Yu., Guzenberg A.S. (2013) CosmiICal Life Support
Sistemas: Tripulações de expedições espaciais de longa duração com requisitos de desenvolvimento de suporte básico de vida // Engineering ecology, 2(110): pp. 2-15.

40) Samsonov N.M., Bobe L.S., V.M., Farafonov N.S., Pinsky B.Ja., Rakov V.V., Margulis V.I., Rifert V.G., Grigoriev Ju. I., Komolov V.V., Protasov N.N. Development and testing of a vacuum distillation subsystem for water recovery from urine, SAE Technical Paper, 1999.
41) Holder D.W., Hutchens C.F. Development Status of the International Space Station Urine Processor Assembly, NASA, Marshall Space Flight Center, 2003.
42) Shoikhedbrod M.P. Behavior of water under the influence of vibration and electric field Lambert Academic Publishing, 2017.
43) Petrovichev M.A., Gurtov A.S. Power supply system of the spacecraft onboard complex, Samara, 2007.
44) Gavrilov D.S. Hydrogen fuel cells, Semiconductor physics. Microeletrónica. Dispositivos de radioelectrónica, 2019; 47-50 pp
45) Khudyakov S.A. Development of power plants based on alkaline fuel cells for the lunar orbital vehicle and the Buran reusable spacecraft, Alternative Energy and Ecology, 2002; 37-62 pp.
46) Lições dos acidentes espaciais: Derrota e Triunfo da Apollo 13, 20.04. 2014.
47) Proshkin V.Yu., Kurmazenko E.A. Sistema de geração de Ocygen "Electron - VM" a bordo da Estação Espacial Internacional, Manned Flights to Space, 2013, 3(8), 84 pp,
48) Erickson R., Howe J., Kulp G., Keuren S. International Space Station United States Orbital Segment Oxygen Generation Systems On-orbit Operation Experience // 38th International Conference on Environmental Systems (San Francisco, CA, USA), June 29-July 2, 2008, SAE Publication. № 2008-01-1962, 1-10 pp.
49) Cardigan R.M., Clade D. Status of the International Space Station Regenerative ECLSS Water Recovery and Oxygen Generation Systems // 35th International Conference on Environmental Systems and 8th European Symposium on Space Environmental Control Systems (Rome, Italy), July 11-14, 2005, SAE Publication. № 2005-01-2779, 1-9pp.
50) Cloud D., Devin M., Schneider S. et al. ISS Oxygen Generation Design Status // 29th Conferência Internacional sobre Sistemas Ambientais (Denver, Colorado, EUA), 12-15 de julho de 1999, ICES Publication, № 1999-01-2116, 110 pp.
51) Shoikhedbrod M. New Possibilities for Generating Oxygen and Hydrogen (Novas possibilidades de produção de oxigénio e hidrogénio)
Using Electrolysis in Microgravity, Journal of Recent Trends in Mechanics, 2021; 6(3): 9-21pp.
52) Bagdigan R.M., Clode D. Status of the International Space Station Regenerative ECLSS Water Recovery and Oxygen Generation Systems // 35th

Conferência Internacional sobre Sistemas Ambientais e 8º Simpósio Europeu sobre Sistemas de Controlo Ambiental Espacial, Publicação SAE, 2005; № 2005-01-2779: pp.1-9.

53) Cloud D., Devin M., Schneider S. et al. ISS Oxygen Generation Design Status // 29th Conferência Internacional sobre Sistemas Ambientais, Publicação ICES, 199; № 1999-01-2116: pp. 1-10.

54) Romanov S.Yu., Guzenberg A.S. CosmiICal Life Support Systems: Requisitos básicos de desenvolvimento de suporte de vida tripulações de expedições espaciais de longa duração // Ecologia de engenharia, 2013; 2(110): pp. 2-15.

55) TsNIIMash (2000) Photo bioreactor, 2000, [Em linha] Disponível em https://tsniimash.ru/science/scientific-experiments-onboard-the-is rs/cnts/experiments/fotobioreaktor/

56) Shoikhedbrod M.P. Universal Electric Separator-Concentrator for Cleaning of Fuel Fluid from Contaminates or Microbial, Recovery Water from Urine and Concentration of Chlorella from Natural Environment in Microgravity, Journal of Fluid Mechanics and Mechanical Design, 2021; 3(1): pp. 15-21.

57) Shoikhedbrod M.P. Microgravity Oxygen and Hydrogen Generator, Journal of Electrical and Power System Engineering, 2021; 7(3).

58) Shoikhedbrod M.P. Method of Obtaining of Concentrate of Rapidly Reproducing Microalga for Converting of the Emitted Carbon Dioxide into Oxygen and Food Biomass for Feeding of the Crew of an International Space Station during Long Flights, Research &Reviews: Journal of Space Science & Technology, 2021; 10 (2), DOI (Journal):10.37591/RRJoSST.

MIX
Papier aus verantwortungsvollen Quellen
Paper from responsible sources
FSC® C105338

Printed by Books on Demand GmbH, Norderstedt / Germany